WECK Jars Recipes

WECK Jars Recipes

沙拉・便當・常備菜・甜點・果醬的
美好飲食提案
—
WECK 玻璃罐料理

許凱倫・愛米雷・歐芙蕾・水瓶・Katy 著　王正毅 攝影

各位親愛的台灣讀者朋友們，大家好！

WECK公司自一百多年前開始，持續致力於玻璃保存容器的研發製造，並且百年來堅持「Made in Germany」的品質，在德國及其他世界各地，廣受家庭、食品加工及其他產業店家的歡迎與愛用，很高興也很感謝今日藉由我們所信賴的伙伴「玩德瘋」的引進，並且與「野人文化」合作出版第一本WECK中文食譜書，進一步的分享使用介紹與食譜，讓更多歐洲以外的朋友們能進一步瞭解並利用我們的產品。

感謝這幾位富有巧思的作者，利用WECK發展出這麼多具有創意又符合台灣食用文化的食譜，希望大家都能在烹飪儲存的過程中，享受WECK所帶來的實用便利，及更健康的飲食生活。

來自德國南端的友善問候
J. Weck GmbH u. Co. KG
總經理 Eberhard Hackelsberger

Sehr geehrte Leserinnen und Leser in Taiwan,

vor mehr als 100 Jahren hat die Firma Weck das Einkochen in Gläsern eingeführt und sich seither der stetigen Weiter- und Neuentwicklung und Produktion von Konservengläsern gewidmet. Unsere Produkte haben sich aufgrund ihrer Qualität „Made in Germany" sehr rasch auf der ganzen Welt verbreitet. Weck Gläser finden sich nicht nur in der häuslichen Vorratshaltung in Familien sondern auch in Restaurants und in der Lebensmittelindustrie.

Nun freue ich mich sehr, dass das erste Weck Kochbuch in chinesischer Sprache auf Taiwan erscheint. Möglich gemacht hat das der uns sehr verbundener Partner Wonderful Selects in der Kooperation mit YEREN Publishing House. Dafür ganz herzlichen Dank.

Ein besonderes Dankeschön gilt natürlich auch den kreativen taiwanesischen Autoren. Mit ihren anregenden Kochrezepten können die taiwanesischen Verbraucher nun auch sehr spannende und der chinesischen Küche angepasste Ideen mit den Produkten aus dem Hause WECK selber ausprobieren.

Ich wünsche allen Leserinnen und Lesern viel Spaß beim „Nachkochen" und weiterhin viel Gesundheit.

Mit den allerbesten Grüßen aus Wehr-Öflingen im schönen Schwarzwald,
Ihre J. Weck GmbH u. Co. KG
Geschäftsführer Eberhard Hackelsberger

Contents

目錄

―

甜點 × 愛米雷

果醬 × Katy

WECK玻璃罐的魅力就在於，排列擺在一起可愛的模樣。

清透明亮，且外型豐富又多變，

無論是料理時盛裝，收納食材或生活小物……

都能輕鬆找到讓擺放加分的WECK與之匹配。

①WE-900/290ml/高87mm　②WE-740/290ml/高55mm　③WE-741/370ml/高69mm　④WE-742/580ml/高107mm

⑤WE-976/165ml/高47mm　⑥WE-743/850ml/高147mm　⑦WE-080/80ml/高55mm　⑧WE-761/140ml/高69mm

⑨WE-760/160ml/高80mm　⑩WE-901/560ml/高88mm　⑪WE-902/220ml/高66mm　⑫WE-748/1062ml/高105mm

⑬WE-903/235ml/高66mm　⑭WE-764/530ml/高184mm　⑮WE-763/290ml/高140mm　⑯WE-766/1062ml/高250mm

⑰WE-905/600ml/高210mm　⑱WE-908/1040ml/高210mm　⑲WE-975/340ml/高130mm　⑳WE-974/1590ml/高210mm　㉑WE-995/ 200ml/高122mm　㉒WE-996/370ml/高122mm　㉓WE-762/220ml/高80mm　㉔WE-744/ 580ml/高85mm　㉕WE-745/1062ml/高147mm　㉖WE-739/2700ml/高242mm　㉗白色塑膠蓋（S、M、L）　㉘不鏽鋼密封夾　㉙密封橡膠圈（S、M、L）　㉚漏斗分裝器　㉛德國 Weck 玻璃罐夾取器

Idea column

About WECK 玻璃罐的二三事

—

來自德國的WECK玻璃罐，材質在加熱及烹飪過程不會釋放出雙酚A（BPA），可作多種用途的高品質玻璃收納容器，配合所附之橡膠墊及不鏽鋼使用可達密封效果，不管是用來儲存乾式的食材，油漬的蔬果，用來直接烘焙布丁甜點（攝氏220度以下適用，並須特別注意，瞬間溫差過大可能導致破裂），或是拿來儲存小零件，灌製蠟燭，種植室內綠色小植栽等等，在日常生活中的應用多到令人目不暇給，實用又實在的品質是日常居家及DIY手作的最佳容器選擇。

如何使用 WECK 玻璃罐

❶ 首先將符合罐蓋大小的橡膠圈套在玻璃蓋內緣。再將玻璃蓋蓋上，讓橡膠圈緊密貼合在蓋子與罐身中間。

❷ 一手將不鏽鋼較短的一端固定在玻璃蓋內側，另一手稍微施力將釦環長尾端撐開，接著往下壓，即可扣上完成密封。

關於每一件 WECK 玻璃罐

- **內容物：**玻璃罐1個，玻璃蓋1個，符合蓋口尺寸的橡膠墊1個，不鏽鋼夾2個。
- **材質：**玻璃，橡膠，不鏽鋼。
- **製造地：**德國（玻璃罐，不鏽鋼夾），斯里蘭卡（橡膠）。

完成！

❸ 開啓時由不鏽鋼釦的長尾端向上推開即可卸下釦環。欲開啓已眞空密封WECK罐，只須將橡膠圈角舌往外拉即可。

使用WECK非讀不可的注意事項

WECK玻璃罐的耐熱溫度為攝氏-18度至220度，但引起玻璃罐破裂的主因常為瞬間溫差過大或過於急促劇烈，原廠建議的瞬間溫差容忍度為攝氏80度，但在不同的盛裝內容物交互作用之下，即使瞬間溫差未達攝氏80度，急劇的溫度變化仍有可能導致破裂，因此請特別注意下列的說明，避免瞬間溫差所造成的損失：

• 若玻璃罐從冰箱取出後，需靜置數分鐘使罐身回到室溫，才可以進行加溫、加熱的後續動作；若是由冷凍庫中取出，須先放入冷藏數分鐘後，再取出至室溫，意即所有回溫的動作須採漸進式。

• 不可直接直火加熱或放置於瓦斯爐上使用，若置於鍋子或電鍋裏加熱，底部須先放置隔熱架，並且在加熱前請注意上述漸進式回溫原則，以防溫差過大造成罐身破裂。

• 罐身與內容物需在完全冷卻後，才可放入冰箱中冷凍冷藏。

• 罐身若由沸水中或加熱後取出，請先置放厚毛巾或木頭墊上，以防接觸面瞬間溫差過大造成破裂。

其他常見問題Q & A

Q 罐身上的小氣泡或紋路是問題商品嗎？

A 在製程中細微的溫差變化有可能造成氣泡與紋路的產生，請放心這並不會影響產品的功能，可安心使用，德國原廠也將持續努力改進製造技術以減少這些現象。

Q 可以放入電鍋／微波爐中加熱，或放洗碗機中清洗嗎？

A 可以，但在使用上請謹記注意事項中所提及各要點，避免瞬間溫差過大，例如加熱完立刻取出冷卻，或電鍋中沒有墊高加溫，未採漸進式回溫有可能會造成破損，請小心評估使用。

作者群　*Writer*

書中材料的使用份量

沙拉	設計・料理by 歐芙蕾	1 小匙＝5ml
便當	設計・料理by 水瓶	1 大匙＝15ml
常備菜	設計・料理by 許凱倫	1 杯＝200ml
甜點	設計・料理by 愛米雷	
果醬	設計・料理by Katy	

體驗德國百年WECK玻璃罐的魔幻魅力，
豐富每一天的料理時光，
就讓沙拉、便當、常備菜、甜點、果醬，
如此豐富的料理提案，
療癒你生活中積累的所有疲憊！

沙拉 × 歐芙蕾

Introduction

回憶起與 WECK 玻璃罐的相遇，瓶身上草莓圖案最讓我印象深刻，

剛開始購買少量的罐子回家，一邊用著一邊探索更多運用的可能，

經過一段時間的相處後喜愛的感覺越發強烈，

我開始在網路上尋找訊息研究更多的妙用，

每每發現極具創意的使用方法，像是挖到寶藏一般歡喜雀躍。

我的 WECK 罐常用於儲存各式乾燥食材及生活中大大小小的物品，

上蓋部分除了經典玻璃材質之外另有溫潤的木蓋可以選搭，

喜歡它穿上木蓋後的模樣，除了成為容器外兼具裝點空間的功能，

在盛產蔬果的季節裡製作各種保存食物 WECK 罐是我的首選，

罐裡封藏大自然賜予的作物，一瓶瓶的收在櫃子讓我覺得好安心，

在搜羅來的運用中把 WECK 罐當成食器的概念最讓我感到驚喜，

繽紛色彩的食物在透明瓶身襯托下看起來美味極了。

因此著手研究美國與日本的罐子沙拉，

將其特色結合我們喜愛的沙拉版本，

隨性裝盤的蔬菜依照水分濕至乾，及食材重到輕的基礎分層配置，

信手捻來隨意調製的沙拉醬準確計量，

透過一次次的調整把日常餐桌上我們喜愛的風味儲存進去。

很幸運有這次的機會為 WECK 玻璃罐設計食譜，

構思時因為太喜歡的關係，情緒一直處於澎湃的狀態，

能夠透過這本食譜與大家分享我們的喜愛，心中感到無比的珍惜，

罐子裡裝進去的是沙拉也悄悄裝進我們的家庭味，

希望讀著食譜的你／妳們會喜歡。

profile
—
歐芙蕾
在一個男人與一隻貓的生活裡穿梭，用影像及文字記
錄日常食事，持續以一顆熱情的心創造美好生活。
合著有《一日小野餐》
Facebook 歐芙蕾秘密花園

尼斯沙拉（兩人份）

我喜歡將料多豐盛的尼斯沙拉作為晚餐前菜，看起來要準備很久的沙拉，其實只需要切切洗洗不到半小時就能完成，把所有材料一一排進盤子，上桌時在淋上醬汁翻拌，各種食材的香氣融合在一起聞著都覺得美味。換個方式把喜愛的好滋味裝進一人份的沙拉罐，層層疊疊的視覺饗宴討好自己的心情也討好脾胃。

食用方式中我喜歡將它們盛放在盤子裡，首先把瓶罐上的生菜先取出擺在盤子的周圍或底部，蛋拿出來暫放在角落，闔上玻璃蓋上下翻轉搖一搖，確認罐子裡頭的食材與醬汁混合後就可以倒在生菜上面了，最後擺上鵪鶉蛋及綠捲鬚生菜。

材料

迷你馬鈴薯 … 2顆	黑橄欖…4顆
四季豆 … 6根	綠橄欖…4顆
小番茄 … 8顆	鮪魚…1罐
小黃瓜 … 1/2根	彩色莙荙菜…1把
紅甜椒 … 1/4	綠捲鬚生菜…1把
紫洋蔥 … 1/4	鵪鶉蛋…3顆

※蒜香油醋醬

鹽 … 1小撮	白酒醋 … 1大匙
黑胡椒 … 1/4茶匙	橄欖油 … 2大匙
蒜末 … 1瓣	鯷魚 … 1條

作法

1. 鯷魚切末與鹽、黑胡椒、蒜末、白酒醋、橄欖油放進罐子攪拌均勻。

2. 馬鈴薯、四季豆放入單柄鍋水煮，四季豆煮5分鐘後撈出放入冰塊水，降溫後切段，馬鈴薯煮熟後放涼切塊。蛋水煮至全熟後放涼切半。

3. 小番茄切四等份，小黃瓜去籽切丁，紅甜椒切丁，紫洋蔥切小塊。

4. 綠捲鬚與彩色莙荙菜洗淨後脫水，撕成容易入口的大小。

point
—

填罐的順序：蒜香油醋醬、小番茄、馬鈴薯、小黃瓜、紅甜椒、四季豆、紫洋蔥、黑橄欖、綠橄欖、鮪魚、彩色莙荙菜、綠捲鬚、鵪鶉蛋。

可食用：即製即食
可保存：1天
使用的WECK：
WECK 743／850 ml

燻鮭魚沙拉
佐蒔蘿香草醬
（一人份）

喜歡在早午餐時製作輕食料理，通常會選用幾款蔬菜與一道有飽足感的肉品組合成一盤，佐餐湯品有時是蔬菜湯或濃湯，依照主菜類型隨心隨性的變化，燻鮭魚是我們共同喜愛的食材，它與蒔蘿、酸豆特別合拍，尤其蒔蘿那股特有的甜香氣是一般香草所沒有的，如果找不到蒔蘿也請你別放棄酸豆喔！

我試著將這道燻鮭魚沙拉做成開放式麵包變化版本，結果風味一樣迷人哪，將黑麥麵包切片抹上一層醬料，照著順序取出生菜擺上去緊接著是食材，最後淋上少許蒔蘿香草醬，是一款單吃或者夾麵包都很美味的沙拉。

材料

紫洋蔥 … 1/4 顆
燻鮭魚 … 180 克
酸豆 … 10 顆
紫高麗菜苗 … 1 把
奶油萵苣 … 1 把
綠捲鬚生菜 … 1 把
蒔蘿 … 1 撮
黃檸檬角 … 1/8 顆

※ 蒔蘿香草醬

酸奶油 … 2 大匙
橄欖油 … 1 大匙
黃檸檬汁 … 1 小匙
蒔蘿細末 … 1 小匙

作法

① 酸奶油、橄欖油、檸檬汁、蒔蘿細末放進罐子攪拌均勻。

② 紫洋蔥切絲，燻鮭魚切成適口的大小。

③ 奶油萵苣洗淨後脫水，撕成容易就口的大小，紫高麗菜苗洗淨脫水，蒔蘿洗淨撕小葉。

point
—

填罐的順序：蒔蘿香草醬、紫洋蔥、酸豆、燻鮭魚、奶油萵苣、紫高麗菜苗、綠捲鬚，蒔蘿、黃檸檬角。

可食用：即製即食
可保存：1 天
使用的WECK：WECK 742 ／ 580 ml

煎鴨腿沙拉佐香橙醬

（一人份）

忙碌的時候最適合製作便利的罐子沙拉儲存在冰箱，它可以化身一人的主餐還能是雙人的前菜沙。拉罐子沙拉裝瓶的順序我分爲四層，由下往上首先是醬料與蔬菜，運用小番茄微漬過會更好吃的特性，非常適合與醬汁放在一起，第二層的部分依序疊上較軟的蔬菜，蘆筍、玉米粒、柳橙果肉，第三層是肉品類煎鴨胸，最後一層是輕巧的芽菜及葉菜，只要掌握水分濕至乾及食材重到輕的原則，即使事先將材料全都裝進罐子裡，倒出來吃的時候仍能保持蔬菜的新鮮與口感。

煎鴨腿也可以換成煙燻鴨胸取代，開封後立即食用的優點不論是冷食或者煎過之後都很美味，請留意部分真空包醃漬肉品非拆袋即食，如需經過加熱才能食用的請放涼後再裝瓶喔！

材料

豌豆 … 4 大匙
小番茄 … 8 顆
去骨鴨腿 … 1 塊
柳橙 … 1 顆
玉米粒 … 4 大匙
青花菜苗 … 1 把
紫蘿沙生菜 … 1 把

※ 香橙油醋醬

鹽 … 少許
黑胡椒 … 少許
柳橙汁 … 2 顆
橄欖油 … 2 大匙

作法

① 柳橙汁加熱濃縮爲 1/2 量與鹽、黑胡椒、橄欖油放進罐子攪拌均勻。

② 平底鍋中倒入少許油，鴨腿以少許鹽黑胡椒調味，將帶皮面朝下雙面慢煎至 9 分熟，放涼後切片。

③ 豌豆水煮後放入冰塊水降溫。

④ 小番茄切四等份，柳橙去掉白色外膜取出果肉。

⑤ 青花菜苗洗淨，瀝乾水分，紫蘿沙生菜洗淨瀝乾後撕成容易就口的大小。

point
—

填罐的順序：香橙油醋醬、小番茄、豌豆、玉米粒、柳橙果肉、煎鴨腿、青花菜苗、紫蘿沙生菜。

可食用：即製即食
可保存：1 天
使用的 WECK：WECK 742 ／ 580 ml

和風牛肉沙拉佐手工胡麻醬〔一人份〕

日本手工胡麻醬是我好喜愛的常備醬料，調製成沾醬可用於火鍋或麵條，冷拌料理時很少有不對味的情況，在我們家是個討喜萬用醬，花時間找到一瓶認可的胡麻醬在製作罐子沙拉時更有效率。在這款沙拉罐的肉品中我偏好火鍋肉片的薄度，只要在水中輕輕涮幾下，嚐起來柔軟的口感好吃極了，請隨著你的喜好更換油脂豐富或者低脂的部位喔！

材料

玉米筍 … 6根
黃甜椒 … 1/4顆
小黃瓜 … 1/2根
櫻桃蘿蔔 … 4顆
紫高麗菜 … 1把
京水菜 … 1把
牛肉片 … 5片
七味唐辛子…適量

※ 手工胡麻醬

市售手工胡麻醬 … 2大匙

作法

❶ 市售手工胡麻醬放進罐子。

❷ 玉米筍水煮約5分鐘至熟，取出後放入冰塊水降溫，冷卻後斜切。

❸ 黃甜椒切細條，小黃瓜切丁，櫻桃蘿蔔切薄片，紫高麗菜洗淨瀝乾水分後切絲，京水菜洗淨脫水後切段。

❹ 牛肉片放入滾水中汆燙至九分熟，取出後放入冰塊水中降溫，灑上七味唐辛子。

point
—

填罐的順序：手工胡麻醬、黃甜椒、小黃瓜、紫高麗菜、櫻桃蘿蔔、玉米筍、牛肉片、京水菜。

可食用：即製即食
可保存：1天
使用的WECK：WECK 744／580 ml

泰式酸甜海鮮沙拉（兩人份）

夏日時節吃著酸酸辣辣的食物特別開胃，剛開始我都做微辣版本，使用大型辣椒還刻意去掉好多籽呢，慢慢的習慣酸辣刺激之後逐漸提升辣度，紅通通的辣椒末拌著海鮮與檸檬的酸好過癮，泰式風格的料理中我偏愛著綠色檸檬，它獨有的香氣與酸度上都好適合泰菜。在這裡我搭配大量的生菜延伸為沙拉版本，運用芹菜與紅蘿蔔輕漬過更入味的特性與醬料事先混合，在冰箱裡放置隔餐或一天使風味變得更好。

材料

中卷 … 1 隻
蝦子 … 10 隻
芹菜 … 1 根
紫洋蔥 … 1/4 顆
紅蘿蔔 … 1/4 顆
蔥 … 1/4 根
紫高麗菜苗 … 1 把
綠捲鬚生菜 … 1 把
綠檸檬角 … 1/8

※ 泰式酸甜醬

魚露 … 1 小匙
酸甜醬 … 2 大匙
綠檸檬汁 … 1 大匙
蒜頭末 … 1 小匙
大辣椒末 … 1 根

作法

1. 魚露、酸甜醬、檸檬汁、蒜末、辣椒末放進罐子攪拌均勻。
2. 中卷切塊，蝦子去腸泥，滾水中汆燙至九分熟，取出後放入冰塊水降溫。
3. 芹菜切段，紫洋蔥切絲，紅蘿蔔切絲。
4. 紫高麗菜苗洗淨脫水，綠捲鬚洗淨後脫水，撕成容易就口的大小。

point
—

填罐的順序：泰式酸甜醬、芹菜、紅蘿蔔、紫洋蔥、中卷、蔥絲、蝦子、紫高麗苗、綠捲鬚、綠檸檬角。

可食用：即製即食
可保存：1 天
使用的 WECK：WECK 743 ／ 850 ml

希臘沙拉（一人份）

費塔起司在沙拉中使用度極高，柔軟的口感與微酸的特性很適合搭蔬菜，傳統的希臘沙拉以費塔起司為主角搭配大量地中海時蔬與橄欖。我喜歡在沙拉中加入新鮮香料，奧勒岡在這裡就有很好的提香效果，你也可以使用乾燥的取代。

製作多瓶沙拉罐時我習慣將油醋醬事先調味完成，在一只小瓶中添入所有材料蓋起來搖一搖，不論是用在沙拉罐或現做的沙拉上都好方便，油品部分使用高質地的橄欖油、葡萄籽油甚至是調味過的香草油都很適合，醋的選用除了傳統的白酒醋、巴薩米克醋、雪利酒醋外也能以檸檬汁取代，我經常隨著口味與習性微調成適合自己的味道，熟悉油醋的特性後也來調出屬於你的味道吧！

材料

玉米筍 … 6根
小番茄 … 6顆
綠櫛瓜 … 半條
紫洋蔥 … 1/4顆
黑橄欖 … 4顆
綠橄欖 … 4顆
薄荷 … 5片
奧勒岡 … 5片
蕎麥苗 … 1把
綠捲鬚生菜 … 1把
費塔起司 … 1/6塊

※ 紅酒醋醬

鹽 … 少許
黑胡椒 … 少許
紅酒醋 … 1小匙
黃檸檬汁 … 1小匙
黃檸檬皮屑 … 1/4顆
橄欖油 … 1大匙

作法

❶ 鹽、紅酒醋、檸檬汁、檸檬皮屑、橄欖油放進罐子攪拌均勻。

❷ 小番茄切1/4塊、綠櫛瓜切丁，紫洋蔥切丁。

❸ 香草與生菜洗淨後脫水，薄荷、奧勒岡切細末，生菜撕成容易就口的大小。

❹ 費塔起司切正方丁與薄荷末、奧勒岡末混合。

point
—

填罐的順序：紅酒醋醬、小番茄、綠櫛瓜、紫洋蔥、橄欖、費塔起司、綠捲鬚生菜、蕎麥苗。

可食用：即製即食
可保存：1天
使用的WECK：WECK 742／580 ml

義式星星麵沙拉

義大利麵中有許多造型特殊的麵型，迷你星星屬於小型麵，我常拿來煮蔬菜湯或冷拌沙拉，由於易熟的特性，煮麵時我會特意縮短包裝上的時間，從滾水中撈起到製作沙拉的口感會熟得剛剛好喔，請將瀝乾水分的星星麵淋上少許橄欖油防止沾黏。

另一半喜歡偏甜的沙拉醬，我為他調整專屬的風味，嘗試著將巴薩米克醋以小火慢煮至濃縮並添入少許的蜂蜜，原本略嗆的酸味變得柔和，甜度也提升許多，他很喜歡這樣的風味，雖然我們同桌用餐，但是沙拉醬的準備有他愛的偏甜及我愛的微酸兩種版本哪！

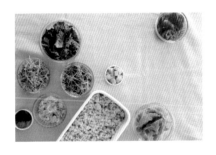

材料

星星麵 … 50 克
紫洋蔥 … 1/4 顆
小番茄 … 8 顆
橄欖 … 4 顆
切達起司 … 1/6 個
紫高麗菜苗 … 1 把
青花菜苗 … 1 把
蘿沙生菜 … 1 把
奶油萵苣 … 1 把
巴西利 … 1 撮

※ 義式香醋醬

鹽 … 少許
黑胡椒 … 1/4 茶匙
巴薩米克醋 … 2 大匙
蜂蜜 … 1 小匙
橄欖油 … 2 大匙

作法

1. 巴薩米克醋放在小鍋裡微火加熱，濃縮至原來的一半與鹽、黑胡椒、蜂蜜、橄欖油、放進罐子攪拌均勻。

2. 星星麵依照包裝標示的時間減少 2 分鐘煮熟，取出後瀝乾水分，淋上橄欖油攪拌均勻，放涼後拌入巴西利。

3. 紫洋蔥切丁，小番茄切四等份。

4. 紫高麗菜苗、青花菜苗、生菜洗淨後脫水，生菜撕成容易就口的大小。

point
—

填罐的順序：義式香醋醬、小番茄、紫洋蔥、星星麵、綠橄欖、紫高麗苗、青花菜苗、蘿沙生菜、奶油萵苣、起司丁。

可食用：即製即食
可保存：1 天
使用的 WECK：
WECK 743 ／ 850 ml

海藻沙拉
佐和風梅醋醬
（一人份）

熱浪來襲的炎炎夏日即使在室內也會讓人暈呼呼的，腦子裡兜轉著吃什麼才好呢都會讓我頭痛不已，記錄幾年來的度夏經驗中我喜歡製作多種冷拌菜儲存於冰箱，搭配少量熱菜就能吃得豐盛又滿足，平日只需利用空檔的時間準備完全不費力。彩色海藻是我們餐桌上必備的涼拌冷菜，在這裡只要加入大量的新鮮生菜就能變化為主餐，醬汁部分我使用口味輕盈的梅醋帶出沙拉的清新好滋味。

材料

小番茄 … 4顆
紅蘿蔔 … 1/4根
小黃瓜 … 1/2根
玉米粒 … 3大匙
蕎麥苗 … 1把
京水菜 … 1把
綜合乾燥海藻 … 8克
櫻桃蘿蔔 … 2顆

※ 和風梅醋醬

梅子醋 … 1小匙
淡醬油 … 1小匙
薑泥 … 1/4小匙
味醂 … 1大匙
香油 … 1/4小匙
葡萄籽油 … 1大匙

作法

① 梅子醋、淡醬油、薑泥、味醂、香油、葡萄籽油放進罐子攪拌均勻。

② 小番茄切成四等份，小黃瓜切絲，紅蘿蔔切絲，櫻桃蘿蔔切小丁。

③ 蕎麥苗洗淨脫水，京水菜洗淨後脫水切段。

④ 綜合乾燥海藻泡冷開水10分鐘。

point
—

填罐的順序：和風梅醋醬、小番茄、玉米粒、小黃瓜、紅蘿蔔、蕎麥苗、京水菜、綜合海藻、櫻桃蘿蔔。

可食用：即製即食
可保存：2天
使用的WECK：WECK 742／580 ml

鷹嘴豆沙拉佐檸檬油醋醬（兩人份）

用豆子罐頭作菜這件事曾經讓我感到很害羞，喜愛的西方料理食譜中也經常使用，步驟中開罐就像呼吸一樣自然，絲毫沒有要害羞的感覺，於是我慢慢寬心並大膽的開啓豆罐頭做料理，超市裡有各種豆類罐頭，甚至還有有機豆可以選擇，在西式料理中經常用來作燉菜、燉湯或是打成泥變身沾醬，吃起來很有飽足感，我特別喜歡口感綿密的鷹嘴豆，開罐之後以冷開水沖洗就可以直接拿來拌沙拉。

材料

紅甜椒 … 1/4個
紫洋蔥 … 1大匙
玉米粒 … 4大匙
綠櫛瓜 … 半條
鷹嘴豆 … 2/3罐
大紅豆…20顆
巴西利 … 1撮
蒔蘿 … 1撮
青花菜苗 … 1把
紫蘿沙生菜 … 1把
費塔起司 … 1/4個

※檸檬油醋醬

鹽 … 少許
黑胡椒 … 少許
黃檸檬汁 … 1大匙
橄欖油 … 2大匙
蒔蘿末 … 1小匙

作法

❶ 鹽、黑胡椒、檸檬汁、橄欖油、蒔蘿末放進罐子攪拌均勻。

❷ 紅甜椒切丁，紫洋蔥切丁，綠櫛瓜削薄片，巴西利、蒔蘿細切、費塔起司剝小塊。

❸ 生菜洗淨後脫水，紫蘿沙生菜撕成容易就口的大小。

❹ 鷹嘴豆、大紅豆以冷開水沖洗，將兩者混合拌入少許檸檬油醋醬。

point
——

填罐的順序：檸檬油醋醬、鷹嘴豆與大紅豆、紫洋蔥、綠櫛瓜、玉米粒、紅甜椒、青花菜苗、紫蘿沙生菜、費塔起司。

可食用：即製即食
可保存：1天
使用的WECK：WECK 743 ／ 850 ml

Couscous

彩蔬沙拉

（兩人份）

Couscous（庫斯庫斯）由粗麥粒、麵粉、鹽及水組合的麵製品，又稱爲北非小米，北非料理中主食之一是我庫存中的常備食材，Couscous幾乎是無味狀態，運用在料理上有就如米飯一般，只要兌上等量的熱開水或熱高湯就能立即使用，偶爾忙不過來的時候我喜歡請出萬能的烤箱幫忙料理，綜合烤時蔬出爐後拌入Couscous，成爲一道製作簡單又快速的熱沙拉，只要在加上一份烤製肉品可以吃得飽足又豐盛，Couscous與任何風味明顯的肉排或稍重口味的燉菜都能結合出好味道。它的便利也常用在冷沙拉上頭，在這裡Couscous僅以熱開水攪拌，待吸收全部的水分即可使用，風味部分來自香草油醋醬，另外我喜歡將蔬菜切成小丁與Couscous拌在一起，每一口都能嚐到食物間相互引出的好滋味。

材料

小番茄 … 4顆
綠櫛瓜 … 1/2根
玉米粒 … 4大匙
紅甜椒 … 1/4個
鷹嘴豆 … 10顆
庫斯庫斯 … 70ml
熱開水 … 70ml
紫高麗菜苗 … 1把
蘿蔓生菜 … 1把

※香草油醋醬

鹽 … 少許
黑胡椒 … 1/4小匙
橄欖油 … 2大匙
檸檬汁 … 1大匙
巴西利末 … 1小匙
奧勒崗末 … 1小匙

作法

① 鹽、黑胡椒、橄欖油、檸檬汁、巴西利末、奧勒崗末混合，備用。

② 庫斯庫斯與等量的熱開水拌勻，蓋起來悶5分鐘，確認已吸飽水加入香草油醋醬及鷹嘴豆攪拌混合。

③ 小番茄切1/4，綠櫛瓜切丁，紅甜椒切丁。

④ 生菜洗淨後脫水，蘿蔓生菜撕成容易就口的大小。

point
—

填罐的順序：香草油醋醬、庫斯庫斯與鷹嘴豆、綠櫛瓜、玉米粒、紅甜椒、紫高麗苗、羅美生菜、小番茄。

可食用：即製即食
可保存：1天
使用的WECK：WECK 743／850 ml

綜合堅果沙拉佐蘋果油醋醬

（一人份）

喜歡讓開封後的堅果住到透明瓶子裡，取兩瓢倒在盤子與起司交錯在一起，是最常被我們拿來搭葡萄酒的小點心，綜合堅果有著各自的風味，不自覺的挑著喜歡的吃，但放到沙拉裡就不會有這樣的偏心了，堅果的提香效果特別好，口感上還能增加層次，製作沙拉罐時請將它們放在乾爽無水分的區塊裡保持脆度喔！

水果乾也是我喜歡的部分，天然低溫乾燥的果乾濃縮了水果香氣與甜度，加上一點點讓沙拉的風味又提升一些些，除了我在這裡使用的芒果乾之外，任何你喜歡的種類都可以替換。

材料

紅甜椒 … 1/5 個
黃甜椒 … 1/5 個
小黃瓜 … 1/3 個
大紅豆 … 20 顆
綜合堅果 … 50 克
天然芒果乾 … 1 片
青花菜苗 … 1 把
蘿沙生菜 … 1/2 把
奶油萵苣 … 1/2 把

※ 蘋果油醋醬

鹽 … 少許
蘋果醋 … 1 小匙
葡萄籽油 … 2 小匙

作法

① 鹽、蘋果醋、橄欖油放進罐子攪拌均勻。

② 紅甜椒切丁，黃甜椒切丁，小黃瓜切片，芒果乾切丁。

③ 生菜洗淨後脫水，蘿沙生菜、奶油萵苣撕成容易就口的大小。

point
—

填罐的順序：蘋果油醋醬、紅黃甜椒、小黃瓜、大紅豆、蘿沙生菜、奶油萵苣、綜合堅果、青花菜苗、芒果乾。

可食用：即製即食
可保存：1天
使用的WECK：WECK 744／580 ml

水果沙拉佐草莓優格醬

（一人份）

優格與水果最對味了，我喜歡以優格為基底加入水果醬調合，並不是要做保存期長的果醬，所以熬製水果時糖的份量少一些，時間也不需要太長，利用熱煮水果的方式將它的甜味與香氣濃縮起來，如果沒有時間製作，使用市售的手工果醬取代也有相同的效果。

台灣是水果王國，當季水果進入盛產期時各個香甜多汁，草莓、芒果、火龍果、鳳梨、柳橙都是適合製做優格沙拉的美味水果，添入優格的水果醬從備料的水果中選擇一款即可，優格沙拉有著很大的自由度，請依照四季變化更換水果種類，製作出專屬於你的美味沙拉。

材料

奇異果 … 1顆
柳橙 … 1顆
蘋果 … 2/3顆
藍莓 … 1/2盒
草莓 … 9顆
薄荷葉 … 1枝

※ 草莓優格醬

草莓…3顆
糖1 … 小匙
市售優格 … 100克

作法

❶ 草莓切小丁加入糖熬煮10分鐘，待涼後與優格一起放進罐子攪拌均勻。

❷ 奇異果切扇型，柳橙去掉白色外膜取出果肉，蘋果切塊。

❸ 草莓以軟毛刷洗淨，分切為1/4及1/2兩種。

❹ 薄荷葉洗淨取下葉子。

point
—

填罐的順序：草莓優格醬、蘋果、奇異果綠、柳橙、薄荷葉、草莓、藍莓。

可食用：即製即食
可保存：1天
使用的WECK：WECK 742／580 ml

WELCOME

Introduction

喜歡透過食物傳遞言語不擅表達的情感，一雙兒女總說媽媽不夠溫柔，這是事實完全無法否認（笑），但我相信，這些年來每個便當日在學校課桌上打開家裡送來的飯盒時，孩子們一口一口吃下的，不僅僅是滿足脾胃的飯菜，同時也是滋養身心的媽媽味。將來兄妹倆長大時，偶爾想起媽媽做的便當，心中必然漾起一股暖意、一份厚實無二的溫慰。因為我就是這樣，母親離世多年，但只要想到小時候她為我做的便當，心裡就覺得暖暖的，那是一份歷久彌堅的情感養分，這份篤實，正是七年來持續為孩子們準備便當的深厚動力。

書裡的便當提案，由於使用玻璃罐做為容器，因而菜色設計時也將玻璃容器耐高溫、可蒸、可烤、可微波的特性考量進去，並且有多道主食可於時間較充裕的休假日事先做好備著，工作週間便能更有餘裕為自己、家人準備一瓶賞心悅目、料豐味美的家製罐裝便當。

調味料使用方面，大多時候偏好以幾品簡單基本的元素相互搭配、呈現不同風味。較常使用到的有豆油伯缸底醬油、玉泰白醬油、米酒、原色冰糖粉、日本米醋（千鳥醋）及本味醂。佐料使用的計量依據，請參照P.12。

準備好了嗎？讓我們一起，料理人生的幸福之味。

profile
—
水瓶

爸爸是廚師，自小看著父母在料理台前辛苦工作的身影，曾誓言婚後絕不進廚房，卻因想給孩子乾淨營養的食物，而開始學習烹飪。煮婦生涯12年餘，當年不愛進廚房，如今享受著用家庭料理書寫人生幸福方程式。

FaceBook　水瓶花園的日常　　　　　　　mama de maison

南洋風味鮮蔬雞絲冬粉

這一罐滿足了味蕾對於食物香氣的愛好，但不會帶給身體過多的負擔，對廚房也是。零油煙的水煮料理，滋味毫不遜色，訣竅就在以魚露為主體所調製的南洋風味醬汁，不同品牌的魚露鹹味略有不同，請一邊調製一邊試味道濃淡，慢慢調出自己喜歡的醍醐味。

鮮蔬雞絲冬粉材料

寬冬粉 … 1 把
雞胸肉 … 100 克
馬鈴薯 … 100 克
黑木耳大的 … 1 片

紫洋蔥 … 1/4 顆
紅椒、黃椒 … 各 1/4 顆
香荽葉 … 適量

醬汁材料A

泰式魚露 … 4 大匙
新鮮檸檬汁 … 2 大匙
開水 … 3 大匙

原味冰糖粉 … 2 大匙
薑 … 10 克
香荽梗 … 約 8 支

醬汁材料B

辣椒 … 適量、輪切
香油 … 2 大匙

作法

❶ 紅椒、黃椒、紫洋蔥、黑木耳、馬鈴薯分別切絲，香荽葉洗淨擦乾備用。

❷ 取附蓋的小鍋，裝入足以覆蓋住雞胸肉的水量。

❸ 冷水開始煮雞肉，以中火加蓋的方式煮至沸騰，見鍋縫有白煙熱氣冒出即熄火，不要開蓋，續燜 15 ～ 20 分鐘。

❹ 放涼後，拆成雞絲備用。

❺ 原鍋接續分別以燙黑木耳絲（2 分鐘）、寬冬粉（1 分半鐘）、馬鈴薯絲（1 分鐘）。

❻ 冬粉瀝乾先拌入芝麻香油（份量外），防止結團。

醬汁作法

❶ 將材料A的薑切細末，香荽梗也切末，混合其他所有調味料拌勻，確認冰糖粉完全溶解，試試味道濃淡。

❷ 單嚐醬汁味道會較濃郁偏鹹，最後與食材搭配後，整體剛好可以平衡。

❸ 鹹甜辛香濃淡確認後，最後再拌入材料B，即完成醬汁。

point

裝瓶順序：將所有食材依喜歡的顏色順序裝瓶，食用前再淋入醬汁。

使用的WECK：WECK 742 ／ 580ml

嫩烤豬邊肉佐紫蘇風味醬與麥片飯

新鮮青紫蘇香氣怡人、天然芬芳，以香草醬概念將它調製成亞洲風味的紫蘇沾醬，不論搭配水煮或燒烤料理，還是可生食的青蔬，都是清新又馥郁的好滋味。豬邊肉油花適中、肉質細嫩，在傳統市場較易取得，由於數量不多，可提早向肉鋪預訂。

紫蘇沾醬材料

新鮮紫蘇葉 … 2～3片　　日本米醋（千鳥醋）…
薑末 … 1小匙　　　　　　1/2小匙
白醬油 … 1大匙　　　　　芝麻香油 … 1小匙
原色冰糖粉 … 1小匙　　　辣椒 … 1根（可省略）

作法

❶ 將新鮮青紫蘇洗淨後，拭乾、切末。

❷ 薑也去皮、切末，取一小匙份量使用。

❸ 除芝麻香油外，其餘材料全部投入醬料盅，拌勻，確認糖完全溶解。

❹ 拌入芝麻香油及辣椒，增香也增色。

嫩烤豬邊肉材料

豬邊肉 … 100克
黑胡椒粉、花椒粉、海鹽、熱炒油 … 各適量

作法

❶ 豬邊肉分切成適口大小。

❷ 抹上黑胡椒粉、花椒粉、海鹽，用手抓勻，冷藏2～3小時入味。

❸ 進烤箱前30分鐘從冰箱取出回溫，並淋上些許耐高溫的熱炒油，保護肉片於燒烤時，肉汁不流失。

❹ 以攝氏190度烤至全熟（約十分鐘左右），可依照肉片厚度及烤箱脾氣，斟酌實際燒烤時間。

麥片飯材料

白米 … 1/4量米杯
麥片 … 2大匙
水 … 1/2量米杯

作法

❶ 直接將米、麥片置於玻璃罐內，掏洗後注入份量內的水。

❷ 用大同電鍋或蒸爐炊煮18分鐘（大同電鍋外鍋水量160ml）。

❸ 時間到，續燜15分鐘再取出。

附菜材料

雞蛋 … 1個　　　　　　　紫洋蔥 … 1/4顆
夏南瓜（即櫛瓜）　　　　即食玉米粒 … 50克
… 1/2條　　　　　　　　（約小半碗）

作法

❶ 煎荷包蛋，熱鍋熱油，輕輕將蛋滑入鍋，別急著翻動，待蛋白邊緣呈現漂亮的焦褐色，再小心翻面煎至蛋黃熟透即可。

❷ 紫洋蔥切絲，泡冰塊水20分鐘左右，瀝乾備用。

❸ 夏南瓜洗淨，取1／2條切成圓片，再分切成半圓形。

❹ 即食玉米粒瀝乾水分備用。

point

裝瓶順序：將蒸煮好的麥片飯翻鬆，再依喜歡的順序將所有食材裝瓶，食用前淋入紫蘇沾醬。

使用的 WECK：WECK 744 ／ 580ml

裝瓶順序：

❶ 先添入滷肉燥，再將白飯置其上。

❷ 整齊舖上櫻桃蘿蔔漬，再依喜歡的順序加入水煮蛋及四季豆、茭白筍。

使用的WECK：WECK 742 ╱ 580ml

滷肉丼飯

家鄉味

玻璃罐帶便當不僅外觀討喜，功能也很實在，可以蒸煮加熱也可以微波。讓鹹香汁豐的台味滷肉飯與晶瑩可愛的洋風玻璃罐聯手，同時溫飽口腹和身心，為午後的工作注滿活力與能量。

滷肉飯材料（約四人份兩餐量）

豬五花（切成小丁）… 900 克
熱炒油 … 2 大匙
台灣洋蔥 … 1 顆
香氣足夠的油蔥酥 … 4 大匙
原色冰糖粉 … 2 大匙
醬油 … 100ml
米酒 … 140ml
水 … 400ml
白胡椒粉 … 適量
五香粉 … 適量
白飯 … 1 碗／人

作法

① 洋蔥去皮切丁，直接在燉鍋內以中弱火從冷油開始炒香洋蔥，直到香味飄上來，顏色也轉淺褐色。

② 下五花肉丁，轉中強火將肉半煎半炒至斷生上色。

③ 將油蔥酥加進來，拌炒至聞到香氣。

④ 依序加調味料：糖先下，炒勻後再沿鍋邊淋入醬油，燒出醬香氣後續加米酒、白胡椒粉及五香粉適量。

⑤ 注入剛好覆蓋食材的淨水（約400ml），滾起後轉為小火，加蓋慢燉一個半小時。

⑥ 燉好的肉燥依每餐需要的份量分裝，每次加熱只取當餐可以吃完的量。

副菜材料

雞蛋 … 1 個
四季豆 … 1 小把
茭白筍 … 3 支
櫻桃蘿蔔 … 4～5 顆
海鹽 … 少許
糖 … 1 大匙
日本米醋（千鳥醋）… 1 大匙
開水 … 2 大匙

水煮蛋

取小鍋由冷水開入投入雞蛋，中火煮至滾起，維持小滾的火力，計時七分鐘，時間到立刻取出雞蛋泡冰塊水降溫，這樣可以煮出剛好熟透，但仍保持蛋黃質地濕潤的水煮蛋。

四季豆、茭白筍水煮

① 四季豆、茭白筍洗淨，分別切頭尾、去除外皮。

② 煮一鍋水，滾起後加入些許海鹽，投入茭白筍煮五分鐘、四季豆煮2分鐘，撈起後馬上放入冰塊水降溫定色。

③ 放涼後再分切成適口大小。

櫻桃蘿蔔漬

① 櫻桃蘿蔔洗淨切除莖葉，帶皮切成薄片，以少許鹽醃漬，靜置30分鐘後，洗去澀水，擠乾水分。

② 將份量內的糖、米醋、少許海鹽和開水調勻拌至糖完全溶解後，放入櫻桃葡萄，淺漬2小時左右。

③ 一餐未使用完的櫻桃蘿蔔移入冷藏，隔夜顏色會更鮮麗。

焗烤義式肉醬螺旋麵

燉煮好吃的義式肉醬不需要厲害的技巧，只要留下充裕的時間陪伴爐火慢燉，豐潤味美的一鍋好肉醬自然可得。添加起司做成焗烤肉醬麵，視覺與味覺更顯層次感，也可以將栗南瓜去皮切片炒熟後打成泥，鋪在肉醬上，又是另一種截然不同的風味。

材料（方便製作的份量）

新鮮牛絞肉 … 600克
新鮮豬絞肉 … 400克
紅蘿蔔中型 … 1條
牛番茄大的 … 2顆
洋蔥 … 2顆

大蒜 … 6瓣
荷蘭芹 … 3株
TOMATO SAUCE … 1罐
TOMATO WHOLE … 1罐
黑胡椒粉 … 適量

熱炒油 … 4大匙
肉豆蔻 … 1/2顆
甜豆仁 … 1/4杯
螺旋麵 … 2/3杯（1杯＝200ml）
焗烤用起司 … 適量

作法

❶ 大蒜切末、洋蔥切丁、牛番茄去皮切塊、紅蘿蔔去皮切成厚約3mm的薄片，再用花型切模壓成紅蘿蔔花備用，其餘的紅蘿蔔切末，荷蘭芹也切末。

❷ 絞肉如經冷凍，請提前一天移至冷藏室，並於料理前20～30分鐘置於室溫。

❸ 熱油鍋，中油溫開始炒洋蔥，約2～3分鐘可聞到香氣，再續炒至洋蔥變成淺褐色。

❹ 投入蒜末一起爆香，蒜香味飄上來後再下紅蘿蔔末拌炒，讓所有食材都吃到油脂，便可讓絞肉們下鍋。

❺ 將火力微調至中強火，用較高的溫度讓絞肉斷生、上色。

❻ 將炒好的食材移入燉鍋中，投入新鮮牛番茄塊，翻炒均勻。

❼ 約一分鐘後倒入TOMATO SAUCE 、TOMATO WHOLE，並用鍋鏟將罐頭番茄切成小塊，攪拌均勻，煮滾後轉小火，加蓋燉煮2個半小時。

❽ 燉煮期間約每20分鐘翻動一次，避免黏鍋。

❾ 起鍋前加入現磨的肉豆蔻、適量的鹽及黑胡椒，最後拌入荷蘭芹末拌勻即可。

❿ 肉醬放涼，分裝成每餐需要的份量冷凍保存，每次食用只取一份加熱，口感最好。

⓫ 將甜豆仁汆燙40秒左右，沖涼瀝乾備用。

⓬ 作法❶取下的紅蘿蔔花也汆燙3分鐘至熟軟。

⓭ 螺旋麵依包裝指示煮至Al dente狀態，撈起瀝乾水分，拌入橄欖油防沾。

⓮ 將煮好的麵、甜豆仁、紅蘿蔔裝瓶，加入肉醬，最後擺上起司，食用前入烤箱以攝氏200度烤十分鐘左右至起司融化，並呈漂亮烤色。

point
—

煮麵水需加一些海鹽，平均每一公升的水加10克左右海鹽；而每一公升的水可煮約100克的麵。
肉醬也可和蒜香薯泥（作法詳見P.55）搭配，做成焗烤肉醬馬鈴薯泥。

使用的WECK：
WECK 744 ／ 580ml

義式番茄蟹肉冷麵

清涼爽口的冷麵和剔透清澈的玻璃罐組合，在燠熱的盛夏準備這款便當，具有消暑解熱的療癒感，尤其切開檸檬的那一刻，青檸香氣彌漫在空氣中，暑氣立消，原本閉鎖的食欲也在瞬間被打開。

清淡而有味的異國風情冷麵，是我炎炎夏日的舒心料理。

材料

A
冷壓初榨橄欖油 … 50ml
大蒜 … 5瓣

B
番茄 … 半顆　　　　　　檸檬汁 … 2大匙
羅勒葉 … 數片　　　　　白醬油 … 1大匙
紫洋蔥 … 1/4顆　　　　 海鹽 … 少許
辣椒 … 適量（可不加）　蒜味橄欖油 … 2大匙

C
天使細麵 … 70～80克　　可生食蟹肉條 … 50克
蒜味橄欖油 … 1大匙　　　綠花椰 … 適量

作法

❶ 提早一天製作蒜味橄欖油，將材料A的大蒜切片（確保無水分殘留），與涼拌用的冷壓橄欖油一同置入醬料瓶密封一天，即為蒜味橄欖油。

❷ 將番茄去皮切丁，羅勒葉切碎，紫洋蔥切絲，辣椒輪切，混合所有材料B，製成冷麵醬汁備用。

❸ 燒一公升的滾水，加入10克海鹽，滾起後投入天使細麵，比包裝上註明的時間再多煮一分鐘。

❹ 時間到，一口氣撈起麵條，甩乾水分，投進冰塊水降溫再瀝乾水分，倒入料理缽，加一大匙蒜味橄欖油，把麵條拌鬆，均勻沾裹橄欖油。

❺ 煮麵水同時燙煮綠花椰一分鐘，撈起後冰鎮降溫定色，可生食蟹肉條從冰箱取出備用。

point

裝瓶順序：將醬汁內的蕃茄丁先裝入瓶內為底，再依序填入綠花椰、麵條、蟹肉、麵條，最後淋上醬汁。

使用的WECK：WECK 742／580ml

芙蓉豆腐和風蔬食冷麵

無肉日的滋味慶典，自家製的昆布風味沾麵醬，多了一份安心感，鹹一點或甜一點，隨喜自由調整。細嫩的素麵替換成Q彈的烏龍麵或風味獨具的蕎麥麵，都很合適。沾麵醬也可改用柴魚高湯為基底，蔬食同時多一份芳香甘醇（柴魚高湯作法請見P.65※鮭魚南蠻漬）。

沾麵醬材料

昆布 … 10公分	白醬油 … 60ml
淨水 … 300ml	本味醂 … 40ml
醬油 … 20ml	原色冰糖粉 … 1大匙

蔬食冷麵材料

日式素麵 … 1把	玉米筍 … 6支
芙蓉豆腐 … 1塊	秋葵 … 6支
牛番茄 … 1/2顆	小黃瓜 … 1／2條

作法

1. 準備16公分左右的小鍋，注入300ml淨水，投進昆布，靜置2小時後移至爐火加熱。
2. 水一滾起便取出昆布，熄火。
3. 加入份量內的醬油、白醬油、本味醂和糖。
4. 轉小火再次煮滾，立刻關火，醬汁放涼備用。

作法

1. 用削皮刀輕輕削去秋葵蒂頭的粗糙外皮，將秋葵入滾水汆燙40～50秒，撈出後立刻浸於冰塊水降溫定色。
2. 玉米筍汆燙4分鐘，瀝乾放涼備用。
3. 小黃瓜縱向對半剖開，以削皮刀從切面刨下薄片，再切成帶透明感的細絲。
4. 牛番茄切圓片備用。
5. 蛋豆腐以井字切法，分成九小塊備用。
6. 素麵依包裝指示時間煮熟，再過冷水沖涼備用。

point

昆布上的細白粉末是風味來源，不要用水沖掉；如果擔心，用廚房紙巾輕輕擦掉表面灰塵就好。此份沾麵醬約可提供四人份的冷麵沾食。

裝瓶順序：生番茄切片先做為底，蛋豆腐橫放置其上，之後按個人喜好依序裝入其他材料，食用前再淋入醬汁即可。

使用的WECK：WECK 742 ／ 580ml

蒜香薯泥佐烤牛肋蔬菜罐

好喜歡我的蒜香薯泥食譜，一定要跟大家分享。

在家就可以做出不輸專業餐廳的美味薯泥，同時配著醬烤牛肋及油鹽烤蔬菜，柔細綿密、齒頰留香。

蒜香薯泥材料（方便製作的份量）

馬鈴薯大的	鮮奶 …60ml
… 1顆（約350克）	奶油 …1小匙
大蒜 …20克	肉豆蔻 …少許
	海鹽 …少許

作法

❶ 馬鈴薯去皮切片，厚度約0.5公分。

❷ 大蒜去皮切片備用。

❸ 將馬鈴薯與蒜片一起蒸煮30分鐘（水滾後計時）。

❹ 鮮奶60ml與奶油一起入鍋小火加熱至奶油融化即離火。

❺ 蒸煮好的馬鈴薯加大蒜過篩壓成細緻的蒜味薯泥。

❻ 趁熱拌入作法❹，並以少量的現磨肉豆蔻及適量海鹽調味即完成。

烤牛肋條材料（方便製作的份量）

牛肋條 … 1400克	原色冰糖粉 … 1大匙
醬油 … 100ml	大蒜 … 5～6瓣
米酒 … 200～250ml	有機乾燥月桂葉 … 3片
黑胡椒粉 … 適量	

作法

❶ 牛肋條切成長約5~6公分的大小。

❷ 加入其他所有調味食材一起冷藏醃漬一晚入味。

❸ 進烤箱前30分鐘從冰箱取出回溫。

❹ 烤盤舖上烘焙紙，放上牛肋，以攝氏190度烤12分鐘左右即可。

油鹽烤蔬菜材料

彩椒 … 適量	海鹽、黑胡椒 … 適量
白花椰 … 適量	耐高溫的熱炒油 … 適量
蘆筍 … 適量	

作法

蔬菜洗淨，切成適口大小後，放進烤皿，灑上適量海鹽、黑胡椒粉，淋上熱炒油，整體拌勻，入烤箱以攝氏190度烤9分鐘左右。

point

裝瓶順序：將蒜香薯泥先填入罐內，再分別將肋條及烤蔬菜裝瓶。

使用的WECK：WECK 742 ／ 580ml

蘿蔔泥番茄牛肉炊飯

新鮮無澀味的紅蘿蔔磨成泥，悄悄加進炊飯裡，與鮮腴的台灣牛、紅熟的番茄和散發自然甘甜味的屏東洋蔥，四品交揉融合，成就一鍋營養與豐盛。

蘿蔔泥番茄牛肉炊飯材料（四人份）

			A
紅蘿蔔中型 … 1條（約200克）	新鮮本土黃牛背肩肉 … 400克		白米 … 2杯半
牛番茄 … 1顆（約250克）	熱炒油 … 3大匙		水 … 2杯（180ml的量米杯）
屏東洋蔥 … 1顆			白醬油 … 3大匙
			米酒 … 3大匙
			白胡椒粉 … 適量
			有機乾燥月桂葉 … 1片

作法

❶ 白米洗去表面粉質，瀝乾置於篩網靜置30分鐘備用。

❷ 牛肉切成骰子狀肉丁，以滾水汆燙去雜質，撈起後快速洗去血水，瀝乾備用。

❸ 紅蘿蔔洗淨去皮磨成泥備用。

❹ 牛番茄、洋蔥洗淨去皮切小丁備用。

❺ 取用導熱良好的燉煮鍋，加入3大匙熱炒油，中油溫開始炒洋蔥，約2～3分鐘後可聞到香氣，小心翻炒防止燒焦，直到洋蔥呈現淺褐色。

❻ 放入蘿蔔泥拌炒，一分鐘後投入番茄丁全體拌炒均勻後，隨即加進牛肉。

❼ 同時間也投入材料A。

❽ 將鍋內食材拌勻，加蓋煮至滾起（約需四分鐘），鍋緣有白煙冒出。火力轉為內圈小火，續煮10～12分鐘。

❾ 時間到時，轉成中火燒30秒，讓鍋內水氣排出。

❿ 熄火不開蓋，燜15～20分鐘後，即完成。

副菜材料（一人份）

有機綠豆芽 … 1把	海鹽 … 適量
黃椒 … 1/4顆	鵝油蔥 … 1小匙
青花筍 … 1小把	

作法

❶ 綠豆芽洗淨，摘去頭尾備用。

❷ 黃椒洗淨切絲，青花筍洗淨刨去菜梗上的粗質外皮。

❸ 煮一鍋水，沸騰後加入適量海鹽，分別汆燙青花筍、豆芽及黃椒。

❹ 青花筍煮至顏色轉濃綠即可撈起，迅速泡冰水降溫定色。

❺ 豆芽及黃椒亦快速汆燙撈起，並趁熱拌入鵝油蔥及適量海鹽。

point

裝瓶順序：將炊飯翻鬆，取一人份裝瓶，再將其他食材依喜歡的順序填入瓶內即可。

使用的WECK：WECK 742 ／ 580ml

蒸蛋‧蔥鹽西蘭花軟絲與紫蘇拌飯

善加運用玻璃罐耐高溫的特性，讓平常不容易完整裝進便當盒的蒸蛋輕鬆帶著走。軟絲漂亮開花的小訣竅是，從身體裡部下刀劃線，滾水氽燙後，自然會捲曲開花。

蒸蛋材料

雞蛋 … 1個
海鹽 … 少許
水或柴魚高湯 … 100ml

作法

雞蛋打散，加入100ml淨水（或高湯）和少許海鹽，攪拌均勻過篩直接濾進玻璃罐，加蓋蒸15分鐘（水沸起後計時）。

紫蘇拌飯材料

白飯一碗 … 約150克　　　紫蘇香鬆 … 1小匙
新鮮青紫蘇葉 … 1～2片

作法

白飯加入紫蘇香鬆拌勻備用，青紫蘇洗淨拭乾備用。

蔥鹽西蘭花軟絲材料（方便製作的份量）

軟絲 … 1尾　　　　　米酒 … 適量
青蔥 … 4支　　　　　西蘭花（亦即綠花椰）
辣椒 … 適量　　　　　　… 適量

A	B
海鹽 … 1小匙	香油 … 2大匙
糖 … 1/4小匙	
檸檬汁 … 2大匙	

作法

❶ 綠花椰洗淨削去菜梗粗皮，入滾水氽燙一分鐘，隨即撈起浸冰塊水降溫定色。

❷ 青蔥分成蔥白及蔥綠兩部分，蔥白輪切成末，蔥綠切絲，辣椒輪切備用。

❸ 軟絲洗淨，從鰭部撕開、同時剝去外皮，捨去眼睛、內臟和透明軟骨。

❹ 足部吸盤刮除，切成適口長度。

❺ 將軟絲身體剖開成片狀，從內部斜刀劃隱刀線（劃線不切斷），以交叉方式切花後再分切成適口大小。

❻ 滾水加入適量米酒，再次滾起時投進軟絲，轉中小火加蓋煮一分鐘，熄火帶蓋燜3分鐘，撈出瀝乾水分。

❼ 將軟絲與蔥白、辣椒及材料A拌勻，味道確認後，最後拌入材料B。

point
—

裝瓶順序：蒸蛋完成後稍放涼，將紫蘇拌飯、青紫蘇葉及蔥鹽西蘭花軟絲依喜好順序裝瓶。

使用的WECK：WECK 742／580ml

雞蛋鬆鮪魚蓋飯佐碗豆苗鮮菇溫沙拉

菜價高漲的時候，運用價格相對穩定的蕈菇、芽菜以及取得容易的雞蛋和油漬鮪魚罐頭，輕鬆完成一份實惠又不失風味的家製便當。食譜裡溫沙拉的醬汁，也很適合搭配其他生菜沙拉喔。

雞蛋鬆材料

雞蛋 … 1個　　　海鹽 … 少許
鮮奶 … 1大匙

作法

❶ 雞蛋加鮮奶、海鹽打散拌勻。

❷ 用小口徑的不沾鍋，熱油潤鍋後下蛋汁。

❸ 手持兩雙長筷握成束，以快速畫圓的方式攪拌蛋汁，直到凝固狀，未至全熟即可離火，利用餘溫讓蛋熟成。

紫洋蔥拌鮪魚材料

紫洋蔥 … 1/4顆　　　黑胡椒粉 … 適量
油漬鮪魚（罐頭）　　海鹽 … 適量
… 80 ～ 100克

作法

紫洋蔥切小丁，混合油漬鮪魚，以黑胡椒粉、海鹽調味，拌勻即可。

碗豆苗鮮菇溫沙拉材料

碗豆苗 … 1包
鴻喜菇 … 1包

A	B
白醬油 … 2小匙	芝麻香油 … 1小匙
日本米醋 … 1小匙	
原色冰糖粉 … 1小匙	
開水 … 2小匙	

作法

❶ 將材料A所有材料混合拌勻，確認糖粉完全溶解再加入材料B，調勻備用。

❷ 鴻喜菇燙熟、碗豆苗過熱水，兩者皆沖涼瀝乾備用。

point
——

裝瓶順序：先放入碗豆苗、鴻喜菇，淋入溫沙拉作法❶的醬汁，再添入白飯及其他食材即可。

使用的WECK：
WECK 744 ／ 580ml

韓式風味 燒肉飯

用簡單的食材組合出令人垂涎的鹹香芬芳，理想的吃法是，把飯菜肉蛋攪和在一起，同時感受不同食材在口中巧妙取得平衡的層層風味。

燒肉片材料

豬梅花薄肉片 … 100 克　　熱炒油 … 2 大匙

A

蒜泥 … 1 小匙	糖 … 1/2 大匙
醬油 … 1 大匙	味醂 … 1 小匙
米酒 … 2 大匙	開水 … 1 大匙

作法

❶ 將 A 所有調味料拌勻備用。

❷ 起油鍋，熱油後將肉片一一入鍋煎至單面上色後，翻面的同時加入醬汁，煮至醬汁滾起，取出肉片，將醬汁煮到濃稠，再放回肉片均勻沾裹即可起鍋。

涼拌菠菜材料

菠菜 … 2 ～ 3 株

A	**B**
蒜泥 … 1 小匙	芝麻香油 … 2 小匙
白醬油 … 1 小匙	熟白芝麻 … 1 小匙
海鹽 … 少許	

作法

❶ 菠菜洗淨，切除根部，以先莖後葉的方式入滾水汆燙一分鐘。

❷ 撈起迅速入冰塊水降溫、定色。

❸ 放涼後擠乾水分，切成適口長度，拌入材料 A。

❹ 試濃淡，味道確認後再拌入材料 B。

蛋絲材料

雞蛋 … 1 個
海鹽 … 少許

作法

❶ 雞蛋加少許海鹽打散成均勻蛋汁。

❷ 平底不沾鍋均勻抹上熱炒油。

❸ 油熱後倒入蛋汁，輕輕搖動鍋子，讓蛋汁佈滿鍋底。

❹ 待蛋液不流動時，小心翻面，煎至全熟。

❺ 蛋皮離鍋，置於有孔洞的大篩網散熱。

❻ 冷卻後切成蛋絲備用。

蒜香紅蘿蔔絲材料

紅蘿蔔 … 1/2 條	米酒 … 1 大匙
蒜末 … 1 小匙	海鹽 … 少許
原色冰糖粉 … 1/2 匙	芝麻香油 … 1 小匙

作法

❶ 紅蘿蔔洗淨去皮，切成細絲。

❷ 熱鍋冷油，中小火炒香蒜末。

❸ 聞到香味後投入紅蘿蔔絲炒至熟軟。

❹ 依序以糖、米酒、海鹽調味。

❺ 熄火後拌入芝麻香油。

冰涼滑順、帶著小黃瓜爽脆口感的馬鈴薯沙拉，搭配同樣冷食的鮭魚南蠻漬，從冰箱取出立即可食。鮭魚選用靠近尾端的部位，油脂少一些，並且用乾煎取代傳統南蠻漬油炸的料理方式，熱量也可少一點。

馬鈴薯沙拉材料（方便製作的份量）

馬鈴薯 … 400 克

小黃瓜 … 1 條（約 70 克）

紅蘿蔔 1/3 條 … 約 70 克

罐裝玉米粒 … 80 克

雞蛋 … 1 個

市售美乃滋 … 80 ～ 100 克

作法

❶ 玉米粒充分瀝乾水分備用。

❷ 小黃瓜縱向對半剖開，用刨刀在切面直向刨下薄片，兩半各取 3 ～ 4 片備用。

❸ 剩餘的小黃瓜切成 0.5 公分的小丁備用。

❹ 紅蘿蔔去皮切小丁，大小略同小黃瓜，燙熟放涼備用。

❺ 雞蛋冷水入鍋，滾起後爐火轉成保持小滾的火力，計時 9 分鐘煮至蛋黃全熟。

❻ 放涼剝殼取出蛋黃，蛋白切丁備用。

❼ 馬鈴薯去皮切片，厚度約 0.5 公分，蒸 25 分鐘（沸騰後開始計時）。

❽ 蒸熟後加入蛋黃趁熱搗成泥，放涼備用。

❾ 蛋黃薯泥放涼後，加入除做法❷以外的其他食材及美乃滋，全體輕輕拌勻即可。

鮭魚南蠻漬材料（四～六人份）

鮭魚（去骨）… 約 400 克

A	B
柴魚片 … 10 克	日本米醋 … 100ml
淨水 … 400ml	本味醂 … 3 大匙
	白醬油 … 4 大匙
C	糖 … 3 大匙
洋蔥 … 1/2 顆	柴魚高湯 … 200ml
蔥 … 2 支	
辣椒 … 適量	
（三者皆切絲備用）	

作法

❶ 準備附濾網的耐熱水壺，將材料 A 的柴魚片投入濾網中，淨水 400ml 煮滾後沖入柴魚片，靜置 3 分鐘取出濾茶網，即完成柴魚高湯。

❷ 將材料 B 混合均勻，即為南蠻醬汁。

❸ 鮭魚分切成小魚片，以魚皮朝下的方式入平底不沾鍋乾煎（不放油），油脂逼出後，將魚油以紙巾拭去，待表皮焦褐後，換面煎至全熟。

❹ 煎好的魚片趁熱投入作法❷的南蠻醬汁中，並加材料 C，密封冷藏一天入味。

point
—

裝瓶順序：馬鈴薯沙拉取需要的份量填入玻璃罐，鋪上沙拉作法❷的小黃瓜薄片，鮭魚瀝乾醬汁疊放在小黃瓜薄片上，最後以蔥絲、辣椒絲裝飾。

使用的 WECK：WECK 744 ／ 580ml

3

常備菜 × 許凱倫

Introduction

我的冰箱裡，隨時都備有各式各樣的常備菜和常備風味料。

只要利用零碎的時間、就可以預先準備好的「可以在短時間內保存食用」的常備菜們，讓我隨時都可以優雅快速的完成一桌子豐盛；或是利用常備風味料，為家常料理帶來好味道。這些常備食材，是我不可或缺的廚房寶物，打造我們家輕鬆又美味的「常備菜生活」。

而在製作＆保存常備菜時，WECK玻璃瓶是我很喜歡使用的道具。材質安全、密封度佳，對於需要妥善保存的常備菜們來說是很適合的器具。而且透明玻璃的一目瞭然，讓裡面裝盛的料理成為主角，在保存的時候也容易查找，相當便利。

另外WECK玻璃瓶多樣化的各種尺寸，在我家裡也多用途的派上了用場：我用小尺寸的WECK分裝海鹽、香草等常備調味料，蓋上專用的with WECK木蓋，放在爐台邊方便拿取，乾淨好看又方便；大尺寸的WECK瓶子則來保存乾貨以及釀製水果酒（P.68），隨意的擺在廚房的一角都是好風景。用來搭配咖啡與茶飲的蜜餞零食，我也喜歡用WECK玻璃瓶來保存；招待客人的時候，只要簡單的把WECK玻璃瓶放在托盤上和茶杯一起端上，美觀不失禮。

我尤其喜愛用WECK玻璃瓶來保存湯汁較多的常備菜，像是好適合夏日的番茄冷湯（P.72）、利用油漬保留美味的起司（P.74）與鮮蝦（P.76）等，不但不易滲漏，也很方便直接打開就可以端上桌享用。WECK玻璃瓶也相當適合用來製作＆裝盛各式漬物或佃煮料理，像是西式風格的醋漬蔬菜（P.86）、或是中華風的醬漬料理（P.80），利用WECK來製作，都非常得心應手。

小酌的夜裡，我打開冰箱，看到常備著的一罐罐小菜、漬物、還有風味料們，整齊的排列在架上，心裡開心的盤算著、何時來一一品嚐它們的美味。拿出一瓶預先備好的「韓式泡菜涼拌花枝」（P.82），開一罐冰涼涼的啤酒，邊吃著聊著，一起輕鬆愜意的度過夏夜時光。

真的很喜歡，我的常備菜生活。

profile

許凱倫

喜愛分享生活與餐桌的專職主婦。
對於家居佈置、餐桌料理、雜貨食器，有著滿滿的熱情與興趣；
更熱愛著由這一些美好的元素，構織而成的生活樣貌。
現與另一半及毛孩子們慢活在台南。
著有《常備菜：跟著凱倫作四季皆宜的冷／暖食料理，輕鬆優雅端出一桌子豐盛！》一書。
部落格　http://dearcaren.pixnet.net/blog
Facebook　許凱倫の台南窩居筆記

蜂蜜檸檬酒

很喜歡喝水果酒的我，最常做的，就是這款蜂蜜檸檬酒。用濃烈的伏特加泡入新鮮的檸檬果肉，讓時間將檸檬的香氣和酸甜滋味，慢慢的融入酒中。

夏日裡，斟上滿滿一小杯，或是加入冰塊＆蘇打水做成冰涼微醺的氣泡飲，都是絕佳享受。泡製的時候同時使用檸檬果肉和少許果皮，萃取出濃厚果香。但要記得果皮不要泡太久，會容易變苦。

材料

黃檸檬 … 6個
伏特加酒 … 1200ml
蜂蜜 … 150ml

作法

① 將黃檸檬洗淨，表皮用煮沸的熱水略微燙過，拭乾。

② 6個黃檸檬全部去皮，連同白色的外皮也要切除，只餘下果肉部分。取其中2個份的檸檬皮，把白色的部分削除，只留下黃色的皮，備用。

③ 將檸檬果肉全數放入WECK 739瓶內後，將蜂蜜倒入，再倒入所有的伏特加酒。

④ 把剛剛削好備用的黃檸檬皮放入酒中，密封，放置於陰涼處。

⑤ 開始泡製過三週後，用乾淨的夾子先將檸檬皮取出，然後繼續密封。

⑥ 開始泡製過三個月後，將果肉取出；此時已可飲用，但建議可過濾渣滓後裝瓶冷藏繼續陳釀，風味會更好。

point
——

可食用：3個月後
可保存：3～9個月
使用的WECK：WECK 739／2700ml

奶油紅酒雞肝抹醬

在西式餐館用餐時，常有機會吃到濃郁滑順的肝醬；抹在烤得酥脆的麵包片上享用，是我很喜愛的前菜點心，所以也開始嘗試著在家自己做雞肝醬：在市場裡和信賴的肉攤買了新鮮紅潤的雞肝，加上奶油和各式香料及蔬菜，最後添上紅酒，增添香氣和口感的層次，相當美味。

忙碌的午間時分，我喜歡拿幾片長棍麵包片，抹上薄薄一層自製肝醬，再堆上一些生菜或是水煮蛋切片；配上一杯氣泡水，就是一頓快速清爽的輕食午餐。

材料

雞肝 … 300g	嫩薑 … 1 小節
奶油 … 60g	月桂葉、丁香 … 各少許
橄欖油 … 1/2 大匙	百里香 … 1 ～ 2 支
洋蔥 … 1/2 個	紅酒 … 1/2 杯
大蒜 … 3 瓣	鹽、胡椒 … 各適量

作法

❶ 將新鮮的雞肝放在流動的清水之下洗淨雜質，再將白色的筋膜、血管以及血塊切除，輕輕的吸乾水分，每一片雞肝切成 2 ～ 3 等分。洋蔥切成絲，大蒜切薄片。

❷ 在平底鍋裡放入 30g 的奶油及 1/2 大匙的橄欖油加熱，放入雞肝，將兩面都煎成微微的焦黃色。

❸ 從鍋中取出煎好的雞肝，放置一旁備用；原鍋不用關火，放入大蒜和洋蔥焗炒至洋蔥軟化；加入月桂葉和丁香、百里香葉以及薑泥，拌炒均勻。將雞肝放回鍋中，倒入紅酒，煮到微滾一會兒後關火。

❹ 取出月桂葉，把所有的材料（連同湯汁），以及剩下的奶油一起放入食物處理機中，打到呈柔滑流質的醬狀之後裝瓶；大約半小時之後，會冷卻變成厚實可以塗抹的質地。加蓋密封冷藏。

point
—

可食用：30 分鐘後
可保存：5 ～ 7 天
使用的 WECK：WECK 900 ／ 290ml

point
—

可食用：半日後
可保存：2～3天
使用的WECK：WECK 744／580ml（2個份／適合2人份主餐或是4人份湯品）

這是一道用「喝」的沙拉。以熟紅飽滿的番茄為底，與滿滿的香料蔬菜一起打成濃湯，打的過程裡，廚房裡瀰漫著新鮮的蔬果香氣，讓人好著迷。然後加入初榨橄欖油以及優質的白酒醋攪打拌勻，濃郁又清爽。我喜歡再添上一抹辣，用我相當喜愛的是拉差辣醬（SRIRACHA），酸辣開胃，讓風味更成熟有層次。

將這道湯品做好之後冷藏起來，想吃的時候只要添上一些烤得酥脆的麵包丁和切碎的西洋芹，再不吝嗇的淋上更多的初榨橄欖油就可以吃了。冰涼涼的，好適合沒有食欲的夏日。

材料

牛番茄 … 4個（約600g）　　初榨橄欖油 … 3大匙
小黃瓜 … 1條　　　　　　　白酒醋 … 2小匙
紫洋蔥 … 1/2個　　　　　　是拉差（SRIRACHA）辣醬
紅甜椒 … 1/2個　　　　　　 … 1～2小匙
大蒜…2～3瓣　　　　　　　鹽、胡椒 … 各少許

作法

❶ 將番茄、紅甜椒、洋蔥都切成大塊。小黃瓜削去綠皮也切塊，撒上鹽和胡椒調味。

❷ 全部放入果汁機或食物處理機裡，打成細緻的泥狀。若覺得太濃稠不好打，可以加入小半杯冷開水一起打。

❸ 打好後用濾網過濾，把沒有打碎的果皮和籽過濾掉，讓口感可以更細緻。

❹ 加入白酒醋＆初榨橄欖油，用打蛋器攪打拌勻，讓湯略呈乳化，橄欖油徹底的融入湯汁之中。然後依個人喜好，加入些許是拉差辣醬拌勻。

❺ 裝瓶冷藏保存。約等待半日後，風味會更加融合。食用時建議再淋上一些初榨橄欖油，隨意的添加麵包丁、或是鮮艷的蔬菜丁來裝飾。

油漬香草起司

另一半很愛吃軟質的起司。不論是當作佐酒的小點或是入菜料理，都是他的心頭好。但每次開封一整塊的軟質起司後，總是吃不完；想著要怎麼保存、才能保持風味同時不會因爲壞掉而浪費，實在是傷透腦筋。

後來學到了這個油漬的方式，不但可以讓軟質起司的保存時間拉長，同時可以隨喜好添加喜愛的香草，讓香草與油的風味滲入起司中。

熟成的香氣，甚至比原來的味道更好呢！

材料

A
布里起司（Brie）… 約100g
新鮮百里香 … 1 ～ 2 支
初榨橄欖油 … 適量

B
藍紋起司（Blue-Veined）… 約100g
大蒜 … 2 ～ 3 瓣
鼠尾草 … 數片
初榨橄欖油 … 適量

C
莫扎瑞拉起司（Mozzarella）… 約100g
新鮮羅勒葉 … 少許
油漬半乾小番茄 … 7 ～ 8 顆
初榨橄欖油 … 適量

作法

❶ 將各種起司切成或是剝成小塊狀，分別放入WECK罐中。

❷ 各自加入香草（也可以另外選擇自己喜愛的香草或是胡椒等材料），注入適量的初榨橄欖油。
＊注意：油的份量要可以蓋過所有的起司。

❸ 冷藏密封保存，約1週後可以享用。

❹ 油漬起司可以單吃，也可以將起司和橄欖油一起抹在麵包片上烘烤或是搭配橄欖、堅果或是無花果一起享用，風味絕佳。泡過起司的橄欖油也可以再利用，充滿了香草和起司的風味，用來做沙拉油醋醬汁非常適合。

point

可食用：1週後
可保存：約3~4週
使用的WECK：WECK：WECK 901／WECK 740／WECK 741

point
—

可食用：立即
可保存：5日
使用的WECK：WECK 742 ／ 580ml

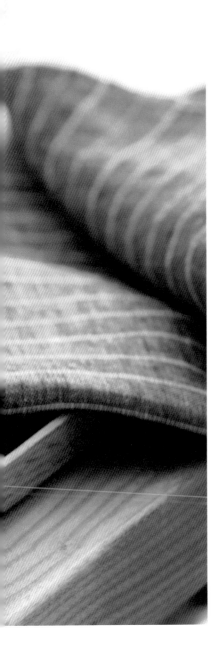

很愛做這道充滿tapas小酒館風格的下酒小菜。西班牙臘腸（Chorizo）的鹹鮮滋味，加上現剝鮮蝦的軟嫩Q彈，全部用橄欖油低溫慢慢的油封起來，一方面方便保存，另一方面，油封後臘腸裡的脂香與煙燻紅椒粉的香氣，與鮮蝦的海味融合，非常美味。夏夜裡開瓶啤酒，邊吃邊聊，有點微醺的品嘗著，真是幸福。

用來油封的橄欖油充滿了鮮香，也很方便再利用；不論是拿來拌炒義大利麵，或是拿來烤蘆筍等蔬菜，都相當適合呢。

材料

帶殼鮮蝦 … 12尾	乾辣椒 … 1支
西班牙臘腸Chorizo … 1條	迷迭香 … 1支
大蒜 … 4～5瓣	橄欖油 … 200ml
煙燻紅椒粉 … 少許	鹽、胡椒 … 各適量
	新鮮黃檸檬片 … 2～3片

作法

❶ 將蝦子去頭去殼，只留下尾端；挑去腸泥。西班牙臘腸切成薄片。

❷ 把大蒜磨成蒜泥，和少許橄欖油、紅椒粉、鹽、胡椒混合，和蝦子一起抓勻，靜置略醃30分鐘。

❸ 取一個小型深鍋，放入醃好的蝦、臘腸、辣椒、迷迭香，再將橄欖油倒入蓋過所有食材，開中小火慢慢加熱，全程不攪拌。

❹ 加熱到油的表面開始冒出很多白色泡泡，蝦子表面變色即可關火，用餘溫將食材燜熟。放入切成角型的檸檬片，一起放涼。

❺ 將食材連同油一起裝罐，密封冷藏保存。食用前可以先取出退回室溫後即可食用。沒有用完的油可以冷藏保存再利用來拌炒蔬菜或義大利麵，建議10天～2週內食用完畢。

涼拌鹽昆布檸檬高麗菜絲

在家裡做唐揚雞塊或是烤豬五花肉這類重口味的料理時，我都很直覺的想要作一點簡單爽口的涼拌高麗菜絲來搭配。

若是西式料理，我會加入芥末籽和白酒醋，做成有點嗆口的口味；和風料理的話，鹽昆布就是我常常使用的素材。

鹽昆布本身的鹽分以及香氣，就是最好的調味；另外加入一些檸檬，讓高麗菜絲吃來更酸甜清爽。它也很適合單獨當作開胃小菜，是很百搭的一道常備料理。

材料

高麗菜 … 1/4 個	千鳥醋 … 1 大匙
鹽 … 適量	糖 … 1/2 小匙
乾燥的鹽昆布 … 5g	香油 … 1 小匙
檸檬 … 1/2 個	

作法

1. 將高麗菜洗淨，切成細絲狀，放在調理盆內。灑入適量的鹽，和高麗菜絲一起抓勻，靜置約30分鐘～1小時，讓高麗菜出水微微變軟。

2. 檸檬切下2～3薄片，再十字切成角型；剩下的檸檬擠成檸檬汁。

3. 把變軟的高麗菜絲放在流動的清水下，盡量將鹽分完全洗掉，然後將水分擰乾。

4. 將糖、醋、檸檬汁加入高麗菜中混合均勻，最後放入鹽昆布和檸檬片，淋上一點點香油，裝罐密封冷藏保存。

point

—

可食用：半日後
可保存：4 ～ 5 天
使用的WECK：WECK 742 ／ 580ml

辣漬小黃瓜

小黃瓜真的是我心目中最適合拿來做常備小菜的蔬菜了，清脆爽口，容易調味，四季皆宜。

這次我用添加了香辣花椒油的中華風油醋醬汁來醬漬它，為了搭配這樣的重口味，將小黃瓜切成較大的粗長條狀，讓它入味之餘，在長時間浸漬下仍然可以保持爽脆。

在家自製這樣新鮮清爽的辣醬瓜，安心又可口。

材料

小黃瓜 … 3～4條　　　糖 … 1大匙
嫩薑 … 5片　　　　　花椒粒 … 少許
醬油 … 2大匙　　　　水 … 100ml
米醋 … 2大匙　　　　花椒辣油 … 1大匙

作法

❶ 將小黃瓜洗淨，切去頭尾，再切成兩段，每段都要比WECK 742瓶子的高度略短一些。然後再十字縱切成四等份。

❷ 把切好的小黃瓜，一條一條直直的放入WECK瓶中，盡可能的排列緊密，把所有的小黃瓜條都排進去；空隙處再插入嫩薑片。

❸ 將醬油與米醋、糖、水、花椒油與花椒粒一起放入小鍋中煮至微滾，趁熱立刻倒入放了小黃瓜條的保存瓶中。

❹ 待醬汁放涼後，密封冷藏保存。

point
—

可食用：2日後
可保存：5～7天
使用的WECK：WECK 742 ／ 580ml

韓式泡菜涼拌花枝

這又是一道相當開胃的下酒良伴。

用好吃的韓國泡菜來調味，微微的酸辣滋味，搭配軟嫩的花枝、清脆的蘆筍、以及爽口的洋蔥＆紅蘿蔔絲一起吃，會讓人忍不住一口接一口呢。

像這樣不但好下酒也好下飯的涼食料理，平時多做一份放在冰箱裡，不管是臨時有朋友來搭伙、或是想要小酌的夜裡，都立刻能派上用場。

材料

新鮮的花枝或是透抽 … 1尾	味醂 … 1 1/2 大匙
蘆筍 … 6～8支	檸檬汁 … 1大匙
洋蔥 … 1/4個	大蒜 … 3～5瓣
紅蘿蔔 … 1/3條	麻油 … 2大匙
韓式泡菜 … 100g	白芝麻 … 少許
韓國辣椒粉 … 2大匙	清酒 … 少許
醬油 … 1大匙	

作法

❶ 將花枝（或透抽）內臟清除洗淨，剝去外皮並切成長條狀。蘆筍切成短條狀，洋蔥與紅蘿蔔切成絲；韓式泡菜也略切成條狀，大蒜磨成蒜泥備用。

❷ 平底鍋中放入1大匙的麻油熱鍋，放入蘆筍略略拌炒至表面油亮；再放入花枝一起拌炒至花枝全熟，淋上少許清酒嗆出香氣後關火。

❸ 取出花枝與蘆筍，放入乾淨的大缽中；往缽裡加入洋蔥絲、紅蘿蔔絲、泡菜、蒜泥、醬油、味醂、檸檬汁，一起拌勻。

❹ 接著灑上辣椒粉抓勻；最後淋上麻油及少許芝麻。裝瓶密封冷藏保存。

point
—

可食用：立即
可保存：約2日
使用的WECK：WECK 744 ／ 580ml

佃煮 牛肉與梅干海苔

絞肉料理是肉類常備菜裡很基本的一款。但同時它也是相當多變化的一道常備菜，利用不同種類的肉、不同的調味、或是不同的料理方式，都可以變化成不同的風味。

這道牛肉與梅干海苔佃煮，用比較和風的調味，煮起來帶有微酸的梅干香氣，加上海苔的海潮香，味覺上很豐富的一品。非常適合作為便當常備菜，或是簡單的拌飯拌麵都很好吃。

材料

牛絞肉 … 250g
壽司海苔 … 5 大片
日式梅干 … 3 個
清酒 … 60ml

味醂 … 30ml
醬油 … 1 大匙
糖 … 1/2 大匙
柴魚高湯 … 1/2 杯

作法

① 將海苔片用手撕成小碎塊，梅干去核後切丁。

② 將清酒、味醂、高湯、醬油、糖、切碎的梅干，一起放入小型深鍋裡煮至微滾。

③ 放入牛絞肉，轉小火，慢慢的拌煮至絞肉全熟。

④ 放入撕成小塊的海苔一起拌勻，再繼續的拌煮至盡量收汁即可。

⑤ 放涼後裝入瓶中，密封冷藏保存。

point

可食用：立即
可保存：約 4 ～ 5 日
使用的 WECK：WECK 744 ／ 580ml

白花椰 咖哩風味醋漬

各式各樣的醋漬蔬菜（Pickles），可以說是西式罐裝常備菜裡的經典了。

最常見的當數醃黃瓜，但其實不只是小黃瓜適合，只要利用手邊有的蔬菜，加上糖、醋、鹽所調成的漬汁，就可以快速的做成美味又好保存的各式Pickles。

我最喜歡的Pickles，是白花椰加上咖哩香料的組合。用來搭配烤雞肉，淋上一點優格醬，帶著淡淡的咖哩香，酸脆可口。

材料

新鮮的小型白花椰 … 1 朵	鹽 … 1 小匙
水果甜椒 … 1 ～ 2 顆	咖哩粉 … 1 1/2 小匙
白酒醋 … 150ml	煙燻紅椒粉 … 1 小匙
水 … 300ml	月桂葉 … 1 ～ 2 片
糖 … 2 1/2 大匙	丁香 … 少許
	小茴香籽 … 少許

作法

① 將白花椰菜的花球一小朵一小朵的切下，徹底的沖洗乾淨後撒上一些鹽（份量外）和白花椰抓勻，靜置30分鐘左右，讓花椰菜軟化。另外將甜椒切成薄片。

② 把微微出水後變軟的白花椰放在流動的清水下，盡量將鹽分完全洗掉，然後輕輕的將水分擰乾。

③ 在WECK瓶內放入月桂葉和丁香、小茴香籽，然後將花椰菜與甜椒放入瓶中；盡可能的排列緊密些，一邊放一邊向下微微壓緊，直到將所有的花球都放入。最上面灑上咖哩粉及煙燻紅椒粉。

④ 將水和白酒醋、糖、鹽一起放入小鍋中煮至糖鹽全部融化；再小火煮至微滾後關火，趁熱倒入瓶中蓋過食材。

⑤ 將WECK瓶密封，微微搖晃，讓食材與香料可以混合。靜置放涼後冷藏保存。

point
—

可食用：約 1 ～ 2 週
可保存：約 2 ～ 3 週
使用的WECK：WECK 745 ／ 1062ml

芹香蘑菇醬

太愛吃蘑菇,所以嘗試做了這一罐方便又常備的蘑菇醬。作法簡單,只要用橄欖油小火慢慢的炒出蘑菇的濃郁香氣就很棒。

要使用的時候也很方便,加上一些奶油及鮮奶油同煮,就是很適合搭配牛排的蘑菇奶油醬;舀一大勺和義大利麵一起拌炒,再切幾顆小番茄丟進去,就是道清爽的麵食;我最喜歡炒海鮮時加一些,香濃的滋味與鮮蝦蛤蜊的海味融合,是桌上最受歡迎的一道料理。

材料

蘑菇 … 1盒　　　　　　新鮮西洋芹葉 … 1小把
鮮香菇 … 5～6朵　　　橄欖油 … 4大匙
大蒜 … 4～5瓣　　　　白酒 … 2大匙
大紅辣椒 … 1/2支　　　鹽、胡椒 … 各適量

作法

❶ 將蘑菇及生香菇表面的沙土輕輕沖洗乾淨,切去蒂頭。辣椒去籽。

❷ 將菇菇們與大蒜、西洋芹、辣椒一起放入食物處理機中,攪打成粗末狀;或是也可以用刀來切,盡量細切成細丁狀。

❸ 平底鍋裡放入橄欖油熱鍋,轉中小火,將切細的食材們全部放入鍋中,撒上少許鹽和胡椒,慢慢的用小火拌炒;小心注意不要燒焦。

❹ 約需拌炒8～10分鐘,待菇類的水分消失呈乾鬆質地,把白酒加進鍋裡增加香氣,嚐一下味道,再用鹽和胡椒調味。繼續拌炒約3～5分讓香味更顯。

❺ 做好的菇醬放入保存瓶內,放涼後在表面再淋上一些些橄欖油,密封冷藏保存。

point
—

可食用:立即
可保存:約5日
使用的WECK:WECK 762 ／ 220ml

Idea column

—

四種常備風味料

大蒜香草油

喜愛大蒜風味的我們家必備的油，很方便就可以爲料理增添蒜香；泡製過的大蒜也不要浪費，與蔬菜一起放入烤箱烘烤，好吃極了！

- **使用的WECK**：WECK 763 ／ 290ml
- **可食用**：3日後
- **可保存**：約2～3週
- **材料**：大蒜瓣10～12瓣、迷迭香1支、乾辣椒1支、橄欖油適量。
- **作法**：將大蒜與迷迭香及乾辣椒放入瓶中，注滿橄欖油即可。

檸檬鹽

將香氣清新的檸檬皮與海鹽預先混合，使用和保存都方便。喜歡在烤物上撒上一些，或是用來沾食烤肉，都能帶來清爽味覺。

- **使用的WECK**：WECK 761 ／ 140ml
- **可食用**：立即
- **可保存**：約2～3週（需冷藏）
- **材料**：黃檸檬皮3個份、海鹽60g。
- **作法**：用刨刀刨下黃檸檬的皮絲，與海鹽一起混合，放入食物處理機攪打，或用刀略微切拌，使其均勻即可。需冷藏或冷凍保存。

酒漬干貝

需要泡發才能料理的乾干貝，先用酒泡漬起來，這樣隨時取出都可以立刻使用。加上它，即使只是簡單的蒸蛋或是炒蔬菜都十足美味。

- **使用的WECK**：WECK 762 ／ 220ml
- **可食用**：隔日
- **可保存**：1～2個月（需冷藏）
- **材料**：乾干貝4～5個，清酒或燒酎適量。
- **作法**：將乾干貝表面拭淨，放入瓶裡，注滿清酒即可。需冷藏保存。

鹽麴油蔥醬

極爲方便的快速常備醬料。青蔥的水嫩和鹽麴的甘郁好合拍，不論是輕燙的肉片或是快蒸的時蔬，都很適合搭配。

- **使用的WECK**：WECK 761 ／ 140ml
- **可食用**：立即
- **可保存**：5～7天（需冷藏）
- **材料**：青蔥4支、蒜泥1大匙、薑泥1/2大匙、鹽麴1½大匙、味醂1大匙、米醋1/2大匙、香油2大匙。
- **作法**：將青蔥切成細末（蔥白與蔥綠部分都使用），與所有材料混合即可。需冷藏保存。

家裡常備、時時為料理
增添美味的風味料們。
趁著有空時隨手做起來，
用 WECK 美美的裝盛保存著，
隨時要使用方便可得。

chapter

4   甜點 × 愛米雷

Introduction

因為受野人出版社的邀請，設計一系列適用於WECK玻璃罐的甜點，於是開啓了我與WECK的緣分，他能耐受高低溫的特性，讓我在烘焙和設計甜點時，又多了許多選擇。

是啊，誰說烘焙甜點只能用一般的金屬烤模呢？WECK玻璃罐能耐受高溫至攝氏220度，大部分需要烘烤的甜點都可以適用，即使是需要較高溫烤到表面略帶焦酥的英式蘋果奶酥，使用較淺而廣口的WECK罐也完全不用擔心耐熱問題，需要隔水蒸烤的舒芙蕾乳酪蛋糕以WECK罐來製作，不需要像一般活動式金屬烤模必須在外層包上鋁箔紙隔絕水氣，玻璃材質也很容易脫模。

焦糖香草布丁或者焙茶奶酪之類含有醬汁的甜點使用WECK罐更是方便，扣緊有膠條的上蓋就可以緊密不滲漏，可以安心地攜帶外出，透透亮亮的樣貌，直接送人也大方得體。

習慣上大多做成長條狀的香蕉蛋糕，這次愛米特地使用WECK 760長型小玻璃罐來製作，杯狀的造型在頂上隆起可愛的圓頂，也別有趣味呢！

冷藏類的甜點使用WECK玻璃罐更是得心應手，除了視覺上比一般常用的塑膠杯來的清透美觀，也少了對塑膠食器內含塑化劑的疑慮擔心，愛米特別喜歡小尺寸的WECK玻璃罐，不論是直線條（如WECK 762）或者圓弧造型（WECK 762），在透明的玻璃罐中交錯重疊一層層的美麗食材，光是用眼睛看都覺得心滿意足，呈現出來的成品樣貌在整體質感上立刻加了好多分。

現在您是不是也和愛米一樣恍然大悟，各種尺寸的WECK玻璃罐，除了當成存放食物的密封罐之外，原來還能當成烘焙工具呢！發揮您的巧思和創意，也許就能發想出更多用玻璃罐製作甜點的巧妙好點子喔！

profile
—
愛米雷

憑著一顆惡膽在台北經營咖啡店將近十年，喜歡天然原味的手作甜點的溫度，十年來堅持在院子咖啡店提供，不使用半成品，或者添加香料色素的手工甜點。
沒有上過一天專業烘焙課程，只有十多年來在點心櫃和餐桌上累積的實務製作心得與經驗，結束咖啡店工作後，現在台北市近郊經營「愛米雷烘焙教室」，分享甜點烘焙的自學之路與經驗。
部落格　http://amyrabbit-baking.blogspot.tw
Facebook　愛米雷烘焙教室

焦糖香草布丁

是很適合剛開始學習甜點的入門選項，
沒有令人緊張的技巧，
不需要專業工具，
只需要注意烤溫和時間，
即使烘焙新手也能輕鬆烤出超完美滑嫩布丁。
這個完全不加一滴水的布丁配方，
低溫隔水蒸烤的方式，
特別適合用WECK玻璃瓶來製作，
蓋上蓋子，更是一道適合春日野餐的甜點主角。

材料

全蛋 … 1個
蛋黃 … 1個
鮮奶油 … 120c.c.
鮮奶 … 120c.c.
砂糖 … 30g
天然香草籽 … 半支

※ 焦糖部分

砂糖 …80g
水 …20c.c.

作法

❶ 先製做焦糖，糖和水一起倒入乾淨無油的小鍋，先開中大火，開始滾沸後轉成中小火，鍋邊開始變色時，用湯匙輕輕將邊緣的焦糖向中心畫，或者輕輕搖動鍋子也可以，煮到呈現琥珀色時，加1大匙熱水並立即關火，趁熱舀入容器中，冷卻後備用。

❷ 全蛋和蛋黃一起放入鍋盆中攪散。

❸ 砂糖加入小鍋中，將香草豆莢剖開，香草籽刮出，連豆莢一起放入小鍋，再加入鮮奶和鮮奶油，以中小火加熱，一邊攪拌，使底部砂糖充分溶解，之後可轉中大火，加熱至鍋子邊緣冒出小泡泡即可關火。

❹ 用一隻手攪打作法❷的蛋汁，另一隻手徐徐將作法❸倒入作法❷中，全部倒入後，再過篩濾去雜質與小氣泡倒回原本的小鍋中。

❺ 將作法❹輕輕注入盛裝焦糖漿的容器中，烤盤中加些水，放入預熱至攝氏150度的烤箱中，隔水烤20～25分鐘，以竹籤測試沒有沾黏就表示烤好了。

point
—

使用的WECK：WECK 080 ／ 80ml×4個

法式糖漬橙片

法國人的蜜餞，
一片片晶瑩亮麗，
宛如精美寶石一般，
呈現誘人光澤，
封存在 WECK 玻璃罐中的成品，
彷彿藝術品般的精巧動人。
方便保存也好適合展示，
只要靈活運用糖漬的手法，
可以變化出不同口感與色澤。
例如喜歡更脆硬些的話，
可以切得比食譜中薄一點，
然後延長烘烤的時間，
完成後也非常適合用作蛋糕或甜點的華麗裝飾，
一次不妨多做一些，
當成伴手禮絕對大受歡迎喔！

材料

新鮮香吉士 … 3顆（亦可使用黃檸檬或葡萄柚）
糖量 … 香吉士重量的90%
水：糖＝1：1

作法

① 香吉士切成約0.3mm片狀，放入鍋中，加水蓋過煮沸後將水倒掉如此重複3次。

② 1：1的糖加水煮溶後倒入WECK 745玻璃罐，再將橙片泡入第二天開始，每天濾出糖水並秤重，加入糖水重量15%的糖煮溶後將橙片再次泡入，重複至第六天時，濾出糖水後僅需煮滾，不再加糖將橙片泡入。

③ 浸泡至第七天時，烤箱先預熱至100度，底部放烤盤承接滴落的糖水取出橙片，置於網架上，放入預熱完成的烤箱內烘烤約1小時放入玻璃罐中密封保存；可冷藏保存2個月不壞。

point

可食用：30分鐘後
可保存：5 ～ 7天
使用的WECK：WECK 745 ／ 1062ml×1個

香蕉蛋糕 杯烤黑糖核桃

口感偏向紮實的奶油磅蛋糕，

吃起來如果又乾巴巴，

可就大NG囉！

成功又美味的香蕉磅蛋糕，

聞得到香蕉天然的濃郁甜香，

在紮實與濕潤兩者間完美平衡。

來自美國嬤嬤的經典配方，

每一口都能夠嚐到麵粉、奶油

和香蕉微妙融合的香氣，

建議使用金屬、陶瓷或WECK玻璃罐，

因為材質硬挺，

比較能讓蛋糕向上膨脹，烤出美麗的裂痕喔！

材料

無鹽奶油 … 55g　　　泡打粉 … 2.5g
低筋麵粉 … 50g　　　碎核桃 … 適量
高筋麵粉 … 50g　　　熟透香蕉 … 60g
全蛋 … 1個　　　　　溫牛奶 … 15c.c.
黑糖 … 55g　　　　　原味優格 … 30g

作法

❶ 玻璃瓶內薄薄塗上一層奶油後，撒上高筋麵粉，方便完成時脫膜，放冰箱冷藏備用。選擇熟透的香蕉，剝皮並壓成泥狀，蛋浸泡在溫水中溫熱（point 1），核桃剝碎後先稍微烘烤至表面微微上色的程度。

❷ 無鹽奶油預先在室溫下軟化（point 2），放入鋼盆，用攪拌器攪拌成美乃滋狀將黑糖一口氣加入，攪打至奶油變的蓬鬆發白。

❸ 蛋打散後一次一點加入奶油中，看不見蛋液了再繼續加，避免油水分離。

❹ 兩種麵粉和泡打粉混合過篩加入，大致攪拌一下，在仍有乾粉的狀態下拌入核桃與香蕉泥，最後加入常溫優格及鮮奶拌勻。

❺ 放進預熱至攝氏180度烤箱中，烤25～30分鐘，以竹籤測試，沒有沾黏的話就是烤好了。

point
—

❶蛋液必須是接近體溫的溫熱狀態，加入奶油時才不會使奶油發生油水分離的狀態。

❷室溫下軟化的奶油指的是以手指稍微用力按壓可壓出指痕的程度不可過軟或融化，若不小心過度加熱以致於奶油融化，需更換一份新的。

使用的WECK：
WECK 760 ／ 160ml×4個　或WECK 740 ／ 290ml ×2個

黑白雙色巧克力慕斯與焦糖榛果

這道雙色巧克力慕斯使用黑白兩種巧克力，
做成兩款絲緞般柔滑的巧克力慕斯，
和坊間通常要添加凝固劑的配方不同，
簡單的食材但成品的口感綿密又清涼。
搭配自製的焦糖榛果，
慕斯滑軟、榛果香脆，一柔一剛，
吃進口中是完美平衡的和諧，
剩下的焦糖榛果可以放在冷凍庫保存，
吃冰淇淋或鬆餅的時候隨意撒上一些，
就能增添幾分香氣和爽脆的咀嚼樂趣。

材料

苦甜巧克力 … 45g
白巧克力 … 45g
無鹽奶油 … 5g
蛋黃 … 2個
蛋白 … 2個

鮮奶油 … 100ml
香橙酒 … 10c.c.
白砂糖 … 1/3 杯
烤過榛果 … 適量

作法

① 苦甜巧克力與無鹽奶油放入乾淨無水分的小鍋中隔水加熱至融化，白巧克力另置一鍋，同樣隔水加熱融化。外鍋的水溫不用太高，以免造成巧克力乳水分離。過程中輕輕攪拌均勻。

② 兩鍋巧克力中分別加入一個室溫蛋黃及香橙酒拌勻。接著將溫熱鮮奶油慢慢加入，攪拌均勻。

③ 蛋白放入鋼盆中，先以低速打散，加入一大匙左右砂糖，繼續以中速打至五分發加入全部砂糖，以中高速打發至蛋白拉起有尖角。分別拌入作法②的兩鍋巧克力糊中，輕柔拌勻。

④ 兩色巧克力糊以黑白相間的方式倒入容器中，把表面刮平，在桌面上輕敲幾下放入冰箱冷藏。

⑤ 製作焦糖榛果：砂糖放入小鍋中，以中小火加熱至糖融化變色將小鍋從火上移開，加入烘烤過的碎榛果略拌一下，倒在平盤上放涼備用。

⑥ 食用時在冰涼的巧克力慕斯上加一匙打發鮮奶油焦糖榛果可掰成片狀，或者敲碎，灑在巧克力慕斯上。

point
——

蛋白及蛋黃都必需提前退冰回復
室溫，才容易與巧克力糊拌勻。

使用的WECK： WECK 762 ／ 220ml ×3個

英式蘋果奶酥

來自英國的傳統甜點 APPLE CRUMBLE，
在英國是大人小孩都喜歡的一味，
酸甜的糖煮蘋果搭配上面烤得酥香的奶酥，
如果再加上一球香草冰淇淋，
真的會讓人一口一口停不下來，
簡單的步驟和作法，
也很適合跟小孩一起在廚房玩耍喔！

材料

※奶酥部分

無鹽奶油 … 25g
低筋麵粉 … 25g
黃砂糖 … 15g
榛果或杏仁碎粒 … 25g

※糖煮蘋果

蘋果 … 2顆
砂糖 … 50g
奶油 … 20g
檸檬汁 … 1/2顆
肉桂粉 … 少許

作法

① 堅果類先稍為烘烤過，再切碎備用，烤箱先預熱至攝氏210度。

② 煮蘋果：蘋果去皮切小塊（約2cm大小），平底鍋加熱，在鍋面上灑一層糖，糖煮融過一半時加入奶油，略拌一下後加入蘋果，肉桂與檸檬汁，拌炒一下，煎煮大約3～5分鐘後盛出放涼。

③ 奶酥部分：除了奶油之外，所有材料加入鋼盆中拌勻，奶油切成1.5cm左右丁塊加入以手指尖端將奶油捏碎，並且和其他材料捏成小塊狀即可。注意過程中勿讓奶油融化，若奶油因手溫變得太軟的話，可以再冰回冰箱降溫。

④ 烤模中先加入冷卻的糖煮蘋果，再將作法③的奶酥灑在上面，建議完整覆蓋整個表面放入已完成預熱至攝氏210度的烤箱中，烤大約15～20分鐘，奶酥表面上色即可，可以搭配一匙打發鮮奶油或冰淇淋一起食用，美味加倍。

point
—

使用的WECK：WECK 740 ／ 290ml ×2個

point
—

烘烤過程中，需要時時注意觀察蛋糕的變
化，隨時調整溫度。如表面開始出現裂
紋，可立刻將烤箱打開，快速降溫。

使用的WECK：
WECK 741 ／ 370ml×2個

相對於口感厚重紮實的重乳酪蛋糕，
自家製作，使用真材實料的舒芙蕾輕乳酪蛋糕，
有著同樣馥郁綿長的奶香味，
但吃起來更多了爽口不黏膩的雅致風味。
伴隨著搭配的水果清香，
非常適合在艷夏裡細細品嚐，
在鬆軟而細密的蛋糕紋理中，
私毫不遜於重乳酪蛋糕的獨特滋味，
用WECK玻璃罐當成烤模來製作，
完成後直接在罐中放涼冷藏，要送人或帶出門，
只需要蓋上瓶蓋，即可完美密封，
省去包裝上的麻煩，心意與美味同時完整送到。

材料

※ 乳酪糊 creamcheese

奶油乳酪 … 100g
無鹽奶油 … 30g
牛奶 … 110g
檸檬汁 … 半顆

蛋黃 … 2個
玉米粉 … 35g
細砂糖 … 15g

※ 蛋白霜

蛋白 … 2個
砂糖 … 35g
藍莓果醬 … 1大匙

作法

❶ 烤盤內加水，以上火攝氏170度、下火攝氏150度預熱。

❷ creamcheese和牛奶一起放入小鍋中加熱至融化，攪拌均勻後依序加入奶油、砂糖與檸檬汁拌勻。

❸ 蛋黃與蛋白分開，蛋白冷藏備用，將蛋黃分次加入作法❷中拌勻，再將玉米粉篩入輕輕拌勻，以濾網過篩一次後備用。

❹ 製作蛋白霜：蛋白倒入乾淨無水無油的鋼盆中，以電動攪拌器大致攪散後即加入全部的糖以中、低速攪打約至蛋白霜呈現細緻潔白、有光澤與紋路，將攪拌器拉起時，蛋白霜呈現彎勾狀即可。

❺ 取1/3蛋白霜加入作法❸中，混合均勻後，再加入剩下的2/3蛋白霜，仔細而確實的混合，但是動作必須輕柔，避免蛋白消泡，先舀2～3大匙放入烤模中，加入1大匙藍莓醬攪拌均勻後將剩下的乳酪糊全部倒入。

❻ 先以上火攝氏170度、下火攝氏150度烘烤約10分鐘，此時蛋糕表面應該已經膨起，打開烤箱並調降下火至攝氏100～120度，繼續烤30分鐘，若時間未到，表面已經完成上色，可調降上火至完全烤熟。

濃情半熟巧克力蛋糕

這款蛋糕是愛米當年開咖啡店時，
店裡歷久不衰的人氣巧克力甜點，
使用純天然素材製作，
完全不含人工添加物。
劃開剛剛烘烤完成的蛋糕，
溫熱的巧克力緩緩流出，
空氣裡滿溢著溫暖濃郁的巧克力香，
這畫面光是想像就讓人心動不已啊！
還可以貪心的搭配一些打發鮮奶油或者新鮮藍莓，
冰涼與溫熱的同時刺激著口腔，
絕對是會讓腦內啡大量分泌的療癒系甜點喔！

材料

苦甜巧克力 … 125g　　無鹽奶油 … 100g
全蛋 … 2個　　　　　　低筋麵粉 … 60g
蛋黃 … 1個　　　　　　細砂糖 … 50g

作法

① 苦甜巧克力和奶油一起放入大碗中隔水加熱或是以微波爐加熱至全部融化，全部融化後，用橡皮刮刀輕輕攪拌融合。在烤模內麵塗上一層奶油，灑些高筋麵粉，放冰箱冷藏備用。

② 全蛋和蛋黃一起放入鋼盆中，打散後加入砂糖，用電動攪拌器打到在表面畫一個8字形，能稍微停留1秒鐘左右的程度。

③ 將仍然溫熱的巧克力液體迅速一次倒入蛋糊中，一邊旋轉鋼盆，用橡皮刮刀大幅度的從底部撈起麵糊，反覆切拌數次混合。

④ 均勻混合後，把低筋麵粉篩入，和作法③一樣，一邊旋轉鋼盆，一邊用橡皮刮刀以切拌方式混合麵粉，看不到麵粉就要停止。

⑤ 用湯匙將麵糊舀入杯中至平，在預熱至攝氏175度的烤箱中先烤8分鐘，觀察蛋糕表面中央仍有些微濕潤濃稠感，而邊緣較硬，且可以稍微與烤模分離，就表示完成了；若手指輕輕碰觸就破皮的話，以每次一分鐘的時間繼續烘烤，至上述狀態。

⑥ 出爐後可以趁熱淋上冰涼的打發鮮奶油或冰淇淋一起食用。

point
—

使用的WECK：WECK 080 ／ 80ml ×6個

義大利 提拉米蘇

Tiremisu～

義大利文的意思是：帶我走吧！

甜蜜柔順，入口即化的mascarpone起司中，

隱隱透出微苦的咖啡酒香，

是不是正像情人之間，

又甜又苦的愛戀呢？

這一道不需要烤箱就可以完成的經典甜點，

非常適合剛入門的學習者（重點！）

自家手作，可以不計成本的使用真材實料，

簡單的製作過程就能做出比市售更道地的滋味，

不論是使用大尺寸的WECK罐，

在餐桌上一起分享，

或者可愛的小尺寸獨享杯，

裝在玻璃瓶中就是能多引人幾分食欲。

材料

馬芝卡邦乳酪 … 100g
蛋白 … 1個
蛋黃 … 1個
瑪莎拉酒 … 10c.c.
咖啡酒 … 20c.c.

濃縮黑咖啡 … 30c.c.
鮮奶油 … 100ml
白色特細砂 … 35g
手指餅乾 … 數條
防潮無糖可可粉 … 適量

作法

❶ 取15g砂糖。蛋白放入大碗中用攪拌器低速攪散，先加入一大匙的糖攪散後，將剩下的糖分成兩次加入繼續打，直到完成蛋白霜為止，完成後可以先冷藏備用。

❷ mascarpone乳酪預先在室溫下稍微軟化，蛋黃與10g的砂糖放進鋼盆用攪拌器攪打至蛋黃發白，加入mascarpone和瑪莎拉酒拌勻。

❸ 鮮奶油加10g砂糖打發，拌入作法❷中。

❹ 把1/3的蛋白霜加入作法❸中，輕柔的攪拌，接著再將剩餘的蛋白霜加入，用橡皮刮刀輕柔的攪拌均勻。

❺ 濃縮黑咖啡30c.c.和咖啡酒20c.c.一起倒入小碗中混和。

❻ 取WECK 762玻璃罐4個，將作法❹的乳酪糊倒入一半，手指餅乾切成適合容器的大小，兩面略沾一下作法❺的咖啡液（勿濕透），平均鋪一層在乳酪糊上，將剩餘的乳酪糊倒上去，完全覆蓋住手指餅乾。

❼ 稍微振動一下容器，使內容物平均，放入冰箱冷藏約半小時以上，食用前灑上防潮可可粉。

point
———

❶濃縮黑咖啡可以用即溶咖啡取代。

❷鮮奶油需以剛從冰箱冷藏取出的低溫及低速，才能正確打發。

使用的WECK：
WECK 762 ／ 220ml×4個

這是一道非常隨性的義大利式家庭甜點，

如果吃得慣濃郁的乳酪風味，

也可以將mascarpone 不加打發鮮奶油，

直接使用，

做出更接近義大利的口味。

用蜂蜜和紅酒醋一起熬煮到濃稠，

取代價格昂貴的巴薩米可陳醋，

（冷卻後淋在冰淇淋上是不可思議的美味喔！）

也毋需拘泥於食譜中用的莓果類，

喜歡什麼水果就加什麼，

一層層疊放在玻璃罐中，

舌頭還沒品嚐，視覺就已經先被收買了。

材料

mascarpone 乳酪 … 200g	草莓 … 15顆
鮮奶油 … 50g	香蕉 … 1根
紅酒醋 … 100c.c.	藍莓 … 隨意
蜂蜜 … 15g	

作法

❶ 製作淋醬：紅酒醋與蜂蜜一起加入小鍋中，熬煮約8～10分鐘，變得濃稠，放涼備用。

❷ 藍莓與草莓洗淨擦乾，部分草莓切對半，部分保留整顆；香蕉去皮切片。

❸ mascarpone 乳酪在室溫下回溫5分鐘，攪散成糊狀，取另一鋼盆放入冰涼鮮奶油，以手動攪拌器反覆攪拌，打成發泡鮮奶油。打發後，將mascarpone 乳酪加入拌勻成乳酪糊。

❹ WECK 744玻璃瓶中以一層乳酪糊、一層水果再淋一匙作法❶的蜂蜜香醋的方式層疊排列，完成後可立即食用。

point

鮮奶油讓使用動物性鮮奶油，風味自然濃郁不膩；鮮奶油需在低溫下才能打發，進行打發前再從冰箱取出。夏季室溫較高，鮮奶油較難打發，可在鋼盆底部墊冰水降溫。

使用的WECK：
WECK 744／580ml ×1個

梅酒水梨凍凝
生乳酪蛋糕

這是一道非常適合在夏天品嚐的乳酪甜點，滑軟生乳酪結合了酸香梅酒與水梨，味道清爽不甜膩，晶亮亮的視覺享受搭配冰涼涼的滑順口感。

不妨發揮您的創意，選擇不同的水果，除了梅酒，清爽帶甜味的白酒，或單純的果汁都可以隨意搭配，以透明的 WECK 玻璃罐來呈現，和這道甜點的透明感相得益彰，也省去脫模的手續呢！

材料

※蛋糕底

全麥消化餅 … 40g
無鹽奶油 … 20g

※果凍

吉利丁片／粉 … 2.5g
梅酒（或其他淡色果汁）
… 100ml
水梨 … 1顆

※乳酪糊

奶油乳酪 … 120g
原味優格 … 120g
鮮奶油 … 120g
白砂糖 … 50g
檸檬 … 1/2顆
吉利丁片／粉 … 5g

作法

❶ 先做餅乾底：奶油加熱融化，餅乾搗碎，兩者混和均勻倒入 WECK 741 的玻璃罐中，以湯匙背面將餅乾屑壓平進冰箱冷藏備用。

❷ 製做乳酪糊：先將吉利丁片一片片放入冰水中泡軟後瀝乾，加入溫熱約攝氏40度的鮮奶油中攪拌至融化；奶油乳酪預先放在室溫中軟化，或者微波加熱亦可。用攪拌器以低速攪拌至糊狀，再加入砂糖拌勻，接著擠入檸檬汁與優格一起拌勻，最後將溶有吉利丁片的鮮奶油緩緩倒入拌勻。

❸ 從冰箱取出玻璃罐，將乳酪糊倒入約八分滿，再次進冰箱冷藏2小時以上。

❹ 製作果凍液：水梨切成薄片，泡過薄鹽水瀝乾備用，小碗中先放2大匙冷開水，再將吉利丁粉多次少量倒入，膨脹後隔水加熱融化和100ml梅酒融合均勻（不喜歡酒味太濃的話可以加些水、糖、檸檬汁稀釋）。

❺ 將水梨片放在表面已凝固的生乳酪蛋糕上，再小心倒入作法❹的果凍液避免破壞排列好的形狀；再次放進冰箱冷藏1小時左右，完全凝固即可。

point
——

❶ 吉利丁是從動物骨骼或豬皮中提煉的凝膠，屬於葷食溶解於液體中後，常溫下是液態，需低溫冷藏才會凝固。

❷ 使用吉利丁粉或吉利丁片的凝固效果相同，使用份量也一樣，市售一片吉利丁片是2.5g。

❸ 果汁只需加熱至微溫即可，千萬不可沸騰，滾沸的液體會破壞吉利丁的凝固力。

使用的WECK：

WECK 741 ／ 370ml×1個、
744 ／ 580ml ×1個

雙色水晶果凍

盛夏滌暑，

一杯沾溜溜透心涼的水果凍，

入口即化，

讓乾口燥舌瞬間爽快又清涼。

果凍就是這樣輕易就能取悅人心的好入門甜點，

完全不需要專業的工具，

只要花些小心思，

一層層耐心注入果汁，鑲進水果，

便能呈現出宛如寶石般晶瑩剔透的果凍成品。

除了鳳梨、木瓜和奇異果，因為含有豐富酵素，

可能會影響凝結效果之外，

可以自由選擇喜歡的當季水果製作喔！

材料

蘋果汁 … 400ml

柳橙汁 … 300ml

檸檬汁 … 半顆

吉利丁粉（或吉利丁片）… 12g

葡萄柚 … 2～3顆（或其他柑橘類）

作法

○ 葡萄柚和柳丁去皮，去膜，只取果肉備用。

○ 先做柳橙汁果凍：將6g吉利丁粉倒入約30ml冷水中，泡水膨脹後再隔水加熱讓吉利丁粉徹底融化，如果有微波爐的話，也可以用微波爐稍微加熱全部融化後倒入柳橙汁中拌勻，先倒一半至玻璃瓶中，放入冰箱冷藏。

○ 再做蘋果汁果凍：另外6g吉利丁粉同作法②，蘋果汁略加熱至微溫，將已溶解的吉利丁粉加入蘋果汁中攪拌至完全均勻溶解，從冰箱取出作法②的果凍，在已經凝固的柳橙汁果凍上加些葡萄柚及柳丁果肉，再倒入蘋果汁再次放入冰箱冷藏，待第二層的蘋果汁凝固後，再倒入剩下的柳橙汁份量，將較大片的葡萄柚果肉放入，且將部分露出果汁平面，再次冷藏至完全凝固即可食用。

point
—

❶ 吉利丁是從動物骨骼或豬皮中提煉的凝膠，屬於葷食溶解於液體中後，常溫下是液態，需低溫冷藏才會凝固。

❷ 使用吉利丁粉或吉利丁片的凝固效果相同，使用份量也一樣，市售一片吉利丁片是2.5g。

❸ 果汁只需加熱至微溫即可，千萬不可沸騰，滾沸的液體會破壞吉利丁的凝固力。

使用的WECK：
WECK 762 ／ 220ml ×3個

焙茶奶酪

淡雅茶香與純白奶酪相映成趣。
為了能呈現較Q軟有彈性的口感，
使用吉利丁作為凝固劑，
雖然必須冷藏才能凝固，
無法在室溫下保存，
但因為使用鮮奶和鮮奶油為原料，
也正好需要冷藏才能保鮮喔！
而吃起來奶香濃郁卻不膩的祕訣，
就在於使用成分天然的動物性鮮奶油與三溫糖，
鮮奶與鮮奶油的比例可依自己的喜好來調整，
喜歡清爽些，就減少鮮奶油，增加鮮奶的份量，
奶量與吉利丁的重量70：1，
是愛米最喜歡的黃金比例喔！

材料

鮮奶 … 400ml
鮮奶油 … 300ml
三溫糖 … 100g
吉利丁片（或吉利丁粉）… 10g
紅茶 … 5g

作法

❶ 紅茶前一晚先以50ml冷開水浸泡萃取。

❷ 吉利丁片放在冰水中泡軟，三溫糖、鮮奶與鮮奶油在小鍋中混合，以小火加熱至糖溶化且微溫且不超過50度的狀態，將泡軟的吉利丁片放入，攪拌至吉利丁片完全溶解，過篩一次。

❸ 緩慢攪拌散熱，待整鍋液體均勻冷卻後再分裝至玻璃瓶中，放入冰箱冷藏約2小時可凝固。

❹ 食用前將冷泡完成的茶水倒在表面，再裝飾幾片茶葉即可。

point
—

使用的WECK：WECK 902×4個

chapter

5

果醬 × Katy

果醬，我的第二人生。

在向前公司提出離職申請的那個晚上，打了個電話給阿爸：「爸！我要回家了……」事後想想，阿爸是唯一聽到我要從人人稱羨的公司離職，卻沒有任何一句可惜話語的人。或許，就是因為這一份情感的牽繫，我就這樣離開了新竹，回到自己的家鄉。

過去有好長一段時間，因為工作的性質，敲打鍵盤的雙手是用力的，頭腦是緊張的。回到台南這些年，徹底的改變了生活型態，用的是溫柔的雙手與水果相伴、熬煮果醬，對於未來，不再用頭腦不停的算計、規畫，有的只是對生命的順服，全然的信任，從心過著有溫度的，我的第二人生。

曾經有朋友問過我，現在烘焙這麼夯，為什麼不順著這個熱潮，反而要做果醬？理由其實很簡單，因為我熱愛台灣的水果！我可以一天沒有甜點，但不能一天沒有水果呀！（笑）所以，打算先

從果醬開始，未來也想把台灣的好水果應用在烘焙點心上，希望能藉著自己小小的力量，幫助辛苦的農友們，提升農產的附加價值。

在法國，果醬的製作是一個專業甜點師必備的技能，從挑選食材開始，將果醬的主角－水果，與香草、花朵、香料、酒醋、堅果……等各種食材組合，使其在味道上有豐富的層次，最後的成品－果醬，其實也是一道兼具色香味的甜點，而這創作的過程，十分迷人，總是讓我沉醉在其中。本書所設計的果醬食譜，作法都不會太困難，請從中挑選自己喜歡的試著做看看，並在熬煮的過程中，啟動您的味覺、嗅覺，充分地感受水果在經過糖漬以及加熱之後的變化，最後再填裝到 WECK 玻璃罐中來場視覺饗宴。不論是做來自己品嚐，或是與朋友分享手作的心意，都希望您可以在與水果共舞的時光，體驗到做果醬的樂趣！

profile

Katy
果醬研究家。致力於做出如甜點般美味的好果醬。
曾經在科技業打滾十幾年，得過半導體大廠頒發的傑出工程師獎，原以為會擁著這個行業的光環，努力打拼直到退休。
2011年，一趟藍帶甜點學習之旅，意外的發現心之所向，勇敢的探索人生的其他可能性。
也因此，一個由工程師轉身成為果醬師的奇幻旅程，就此展開。
Facebook 款款手作廚房

百香無花果 果醬

第一次嚐到新鮮的無花果，是多年前在台北的一家義大利餐廳裡，一道只有簡單油醋調味的沙拉中，讓我對於滋味甜美以及口感特殊的無花果，留下了深刻且美好的印象。後來，在尋找果醬食材的時候，自然而然的就把它放進口袋名單裡頭了！

無花果含有豐富的膳食纖維，以及許多有益人體的物質。成熟的果實很特別的只有甜味，幾乎沒有酸味，加了百香果之後，讓果醬不會過度甜膩，整體味道也變得更有層次！

台灣現在已經有農友們種出品質不錯的無花果囉！有機會在市場裡遇見它的話，不妨試試這款營養又美味的果醬。

材料

無花果 … 500g　　　冰糖 … 280g
百香果汁 … 200g　　檸檬汁 … 20g

作法

❶ 輕輕的用水搓洗無花果，切除上頭的硬梗，果肉再切成小丁。

❷ 將百香果的果肉挖出，放進食物調理機攪打，再用細網篩將籽過濾，只留下果汁。

❸ 將所有材料放入鍋中，攪拌使其均勻混合，靜置4小時或冷藏一個晚上，讓水果充分的糖漬。

❹ 以中火加熱果醬鍋至沸騰，之後調整為中小火，過程中需不停的攪拌，撈除浮沫。

❺ 當煮至有黏稠感，且果醬呈現光澤即可熄火，趁熱將果醬裝瓶封蓋。

point

用來做果醬的無花果，以完熟偏軟且多汁的果實最為適合，但也因為此種熟度的鮮果不容易保存，購買之後一定要盡早處理製作。

最佳賞味期限：未開封，陰涼處6個月。開封後，冷藏2週內。
使用的WECK：WECK 976 ／ 165 ml

粉紅胡椒鳳梨果醬

當鳳梨季節來臨，夏天的腳步也近了。

因爲開始做果醬，多了與農友們往來互動的機會，跟著一起關心水果們的生長動態，這才知道原來一顆鳳梨自然成熟需要十八個月，而且在接近成熟時期，得爲它們戴上遮陽帽避免曬傷。

自己喜歡使用在友善環境之下長大的鳳梨來做果醬，這樣的果實有十足的香氣，酸甜度適中，而且果心部分的纖維也比較細緻，可以毫不浪費地也一起用來做成果醬。

材料

鳳梨 … 600g	檸檬汁 … 30g
蘋果 … 300g	檸檬皮屑 … 少許
冰糖 … 320g	粉紅胡椒粒 … 少許

作法

❶ 蘋果去皮去核切塊。鳳梨去皮，縱切成四等份，切下果心後，將果肉分成二等份。

❷ 將蘋果、鳳梨果心以及其中一份鳳梨果肉放進食物調理機打成細碎，剩餘一半的鳳梨果肉則切成薄片狀。

❸ 將上述材料、冰糖、檸檬汁以及檸檬皮屑放入鍋中，攪拌使其均勻的混合，靜置4小時或冷藏一個晚上，讓水果充分的糖漬。

❹ 以中火加熱果醬鍋至沸騰，之後調整爲中小火，過程中需不停的攪拌，撈除浮沫。

❺ 當煮至有黏稠感，加入粉紅胡椒粒，攪拌均勻後即可熄火，趁熱將果醬裝瓶封蓋。

point

鳳梨屬於果膠偏少的水果，為避免果醬煮起來水水的，加一些蘋果來補足果膠，煮出來的果醬濃稠度會剛剛好。

最佳賞味期限：未開封，陰涼處6個月。開封後，冷藏2週內。

使用的WECK：WECK 902 ／ 220 ml

香草番茄果醬

番茄果醬是我第一個做的果醬，也因此開啓了我與手工果醬的緣分。

與番茄果醬的相遇，是漫步在京都嵯峨野小徑的驚喜！一家小店裡販售著各式各樣用京野菜做成的果醬，原本不太感興趣，但是老闆娘殷勤的招呼著要我試吃看看。一嚐，哇！這番茄果醬的味道，竟然讓人如此驚豔！

幾個月後，收到好友自家農場收成的番茄，想念起曾經在京都嚐到的美好滋味，爲了還原記憶中的味道，開始動手做果醬，沒想到這個起頭，竟讓我就此栽進了甜蜜的果醬世界。

材料

番茄 … 500g	檸檬汁 … 20g
蘋果 … 100g	巴薩米克香醋 … 15g
冰糖 … 240g	香草莢 … 1/2 支

作法

❶ 蘋果去皮去核切成細末。

❷ 將番茄底部用小刀輕劃一個十字，放入滾水中約2分鐘，接著浸入冷水降溫去皮，將番茄切成約1公分大小的果肉。

❸ 將香草籽自香草莢中刮下，連同豆莢一起與蘋果、番茄、冰糖以及檸檬汁放入鍋中，攪拌使其均勻的混合，靜置4小時或冷藏一個晚上，讓水果充分的糖漬。

❹ 以中火加熱果醬鍋至沸騰，之後調整爲中小火，過程中需不停的攪拌，撈除浮沫。

❺ 當煮至有黏稠感，加入巴薩米克香醋，使其再度沸騰即可熄火，趁熱將果醬裝瓶封蓋。

point

在做果醬時加一點醋，除了增添風味之外，也有助於果醬的保存。

最佳賞味期限：未開封，陰涼處6個月。開封後，冷藏2週內。
使用的WECK：WECK 762 ／ 220 ml

鹽花焦糖蘋果果醬

製作果醬時，在食材的搭配運用上，有許多的靈感來自於法式甜點，這款果醬是其中之一。

在藍帶甜點課程的第一堂，便是學習如何製作焦糖，可見焦糖在法式甜點中的重要性。而蘋果有著耐烹調的優點，加上它的風味能與許多食材搭配，因此被廣泛的使用在甜點裡頭。知名的 Tarte Tatin 翻轉蘋果塔，所用的餡料就是焦糖與蘋果的組合。

將這兩項很速配的食材用來做成果醬，煮好的蘋果，呈現著透亮的焦糖色澤，起鍋前再灑上一些法國鹽之花，會讓風味更有層次！

材料

蘋果 … 500g
冰糖 … 120g
檸檬汁 … 20g
法國 Guerande 鹽之花
… 1小撮

※ 焦糖液

細砂糖 … 80g
熱水 … 10g

作法

❶　蘋果去皮去核，取一半放入食物調理機打成泥狀，另一半切成0.2公分的薄片。

❷　將蘋果、冰糖以及檸檬汁放入鍋中，攪拌使其均勻的混合，靜置4小時或冷藏一晚，讓水果充分的糖漬。

❸　取一個鍋子，分次加入細砂糖，煮至糖完全融化，呈現焦糖色後熄火，加入熱水。

❹　將作法❷的材料倒進焦糖液的鍋子裡頭，以中火加熱至沸騰，之後調整為中小火，過程中需不停的攪拌，撈除浮沫。當煮至有黏稠感，且果醬呈現光澤即可熄火。

❺　將鹽之花加入鍋中，攪拌均勻，趁熱將果醬裝瓶封蓋。

point
___

最佳賞味期限：未開封，陰涼處6個月。開封後，冷藏2週內。
使用的WECK：WECK 976 ／ 165 ml

玫瑰草莓凝醬

凝醬（gelée）是法式果醬的一種特別作法，不使用果肉，只收集果汁的部分來做成凝醬。

但是，並不是每種水果都能做成凝醬哦！只有果膠含量豐富，像是蘋果以及莓果類的水果才能做出此種質地的果醬。然而，1公斤的水果，往往只能做出少少的凝醬，所以，每次都會很珍惜的，小小口的品嚐它。

這種凝醬的質地很細緻且迷人，是我很喜歡的一種果醬製作方法，請試著做看看，您一定也會愛上！

材料

草莓 … 1000g　　冰糖 … 500g
乾燥玫瑰花瓣 … 15g　　檸檬汁 … 30g

作法

❶ 草莓去蒂後切成小塊，與冰糖及檸檬汁一起放入鍋中，攪拌使其均勻的混合，靜置4小時或冷藏一個晚上，讓水果充分的糖漬。

❷ 以中火加熱果醬鍋至沸騰，之後調整爲中小火輕輕攪拌，撈去浮沫。

❸ 續煮約10分鐘左右，加入玫瑰花瓣，再煮2分鐘後熄火，蓋上鍋蓋，讓玫瑰花瓣的味道完全釋放出來，靜置約30分鐘。

❹ 利用細網篩過濾，以湯匙稍微按壓果肉，收集果汁的部分。

❺ 將草莓汁倒入鍋中，開中火煮至沸騰，撈去表層的浮沫。當煮至有黏稠感，且果醬呈現光澤即可熄火。

❻ 在果醬瓶中放入兩片乾燥的玫瑰花瓣，趁熱將果醬裝瓶封蓋。

point
———

最佳賞味期限：未開封，陰涼處6個月。
開封後，冷藏2週內。
使用的WECK：WECK 900／290 ml

果醬 紅玉茶香芭樂

土芭樂的滋味，是兒時記憶的滋味。小時候所吃的水果，不像現在有這麼多的選擇，土芭樂是常見的其中一種。

土芭樂吃軟不吃硬，完熟的果實有著濃郁的香氣。但也因為熟果不易保存，沒辦法像珍珠芭樂可以冰著慢慢吃，所以呢，就用來做成果醬吧！將美好的滋味封存起來，延長水果們的賞味期限。

而曾經被世界紅茶專家讚譽有「台灣香」的紅玉紅茶，帶著淡淡的肉桂香氣，茶湯回甘不苦澀，與紅心土芭樂的風味很調和，這兩種組合，有十足的台灣味！

材料

紅心土芭樂 … 600g
冰糖 … 240g
檸檬汁 … 20g
紅玉紅茶（台茶十八號）… 2g

作法

❶ 芭樂切半，將籽挖出後，果肉切成小丁。

❷ 將挖出的芭樂籽以及籽邊肉，加少許的水，煮至果肉化開。利用網篩將籽過濾，只保留果肉及果汁的部分。

❸ 將上述材料、冰糖以及檸檬汁一起放入鍋中，攪拌使其均勻的混合，靜置4小時或冷藏一個晚上，讓水果充分的糖漬。

❹ 將茶湯以及少許的茶葉末加入果醬鍋，以中火加熱至沸騰，之後調整為中小火，過程中需不停的攪拌，撈除浮沫。

❺ 當煮至有黏稠感，且果醬呈現光澤即可熄火，趁熱將果醬裝瓶封蓋。

point

製作果醬的紅心土芭樂請選用完熟偏軟的果實，香氣會最為飽滿。芭樂果醬在烹煮時很容易焦鍋，而且沸騰時容易噴濺，請特別小心火候，避免燙傷。

最佳賞味期限：未開封，陰涼處6個月。開封後，冷藏2週內。
使用的WECK：WECK 900／290 ml

果醬　柳橙奇異果

柑橘是臺灣產量最高的水果。除了有全年生產的四季檸檬，從中秋的文旦柚開始，到隔年3、4月出產的晚崙西亞香橙，這期間都有各式各樣的柑橘類水果產出。

使用柑橘類水果做成的果醬，因為帶有清新的果香，除了與麵包或優格搭配食用之外；也很適合用來調製飲品，像是果茶、氣泡飲；或是混合一些油醋，做成有獨特風味的沙拉淋醬。

想為料理來點變化，可以試著將果醬入菜，它會成為您豐富日常餐桌的調味料。

材料

柳橙 … 300g	檸檬汁 … 20g
奇異果 … 200g	柳丁醋 … 10g
冰糖 … 200g	柳橙及檸檬皮屑 … 少許

作法

❶ 奇異果去皮後，切成厚度0.5公分的薄片。

❷ 將柳橙的外皮連同白色的部分切除，從果膜之間將果肉一瓣一瓣的取出，切成小塊。

❸ 將上述材料、冰糖、檸檬汁、柳橙及檸檬皮屑放入鍋中，攪拌使其均勻的混合，靜置4小時或冷藏一個晚上，讓水果充分糖漬。

❹ 以中火加熱果醬鍋至沸騰，之後調整為中小火，過程中需不停的攪拌，撈除浮沫。

❺ 當煮至有黏稠感，加入柳丁醋，使其再度沸騰即可熄火，趁熱將果醬裝瓶封蓋。

point

在製作果醬時，需考慮水果的果膠含量，因為它直接影響了果醬成品的凝膠程度。使用奇異果來製作果醬時，請避免選用過熟的果實，除了果膠不足之外，也很容易有發酵味，不建議使用。

最佳賞味期限：未開封，陰涼處6個月。開封後，冷藏2週內。

使用的WECK：
WECK 762／220 ml

雙色果醬──
藍莓與覆盆子
果醬

一顆顆小巧，顏色繽紛的莓果，因為果膠含量豐富，輕鬆地就能達成凝膠的狀態，可以說是最容易做成功的果醬。

莓果在經過糖漬以及烹煮的過程濃縮成果醬之後，滋味會比新鮮的果實更加香甜濃郁，因此經常被用來做成甜點的夾層或是餡料。奧地利著名的傳統甜點─Linzer torte 林茲塔，就是在塔皮上鋪滿了一層莓果果醬所做成的甜點。它可是歷史相當悠久的糕點哦！最早的食譜源自於西元1653年，可說是果醬用於甜點的經典之作。

材料

※ 藍莓果醬	※ 覆盆子果醬
藍莓 … 200g	覆盆子 … 300g
冰糖 … 80g	冰糖 … 120g
檸檬汁 … 15g	檸檬汁 … 15g
檸檬皮屑 … 少許	檸檬皮屑 … 少許

作法

❶ 將藍莓果醬的所有材料放入鍋中，攪拌使其均勻混合，靜置4小時或冷藏一個晚上，讓水果充分的糖漬。

❷ 將覆盆子果醬的所有材料放入鍋中，攪拌使其均勻的混合，靜置4小時或冷藏一個晚上，讓水果充分糖漬。

❸ 製作覆盆子果醬，以中火加熱果醬鍋至沸騰，之後調整為中小火，過程中需不停的攪拌，撈除浮沫。當煮至有黏稠感，即可熄火，將覆盆子果醬倒進玻璃瓶約2/3的位置，暫時蓋上瓶蓋，不扣緊。

❹ 製作藍莓果醬，以中火加熱果醬鍋至沸騰，之後調整為中小火，過程中需不停的攪拌，撈除浮沫。當煮至有黏稠感，即可熄火，將藍莓果醬倒進作法❸的WECK玻璃罐後封蓋。

point

為了可以長時間保存，使用與水果等比的糖，是歐洲國家製作果醬的標準，但近年來因為健康意識抬頭，減糖版的果醬反而讓更多人喜愛。本書配方中的用糖量大約是水果的40%，若想調整用糖比例，則需要注意，糖是天然的防腐劑，放的愈少，保存期限就愈短。

最佳賞味期限：未開封，陰涼處6個月。開封後，冷藏2週內。

使用的WECK：
WECK 900 ／ 290 ml

使用乾燥或是新鮮花草時，加入果醬鍋的時機是不同
的。乾燥香草要在一開始就加入，味道比較可以釋放出
來，新鮮的香草則是在起鍋前才加入，但一定要經過再
次煮沸才能熄火裝瓶，以免果醬發霉變質。

最佳賞味期限： 未開封，陰涼處6個月。
開封後，冷藏2週內。
使用的WECK： WECK 762 ／ 220 ml

雙色果醬——
蔓越莓與芳香萬壽菊蘋果果醬

在自家的小陽台，種植著一些香草植物，每天早上為它們澆水時，喜歡用手輕拂葉子，嗅著香草的氣味，一天的開始，心情會很愉悅。

芳香萬壽菊是自己很喜歡的香草，除了因為它很好種植之外，主要是喜歡它聞起來有甜甜的香氣，用來泡茶或是為果醬調味都很適合。

做上一瓶帶有天然花草香的果醬，無庸置疑的，絕對有人工香料所比不上的雅緻及芬芳！

材料
※蔓越莓果醬

蔓越莓 … 300g
冰糖 … 150g
檸檬汁 … 15g
檸檬皮屑 … 少許

※芳香萬壽菊蘋果果醬

蘋果 … 300g
冰糖 … 120g
檸檬汁 … 15g
芳香萬壽菊（乾燥）… 少許

作法

❶ 將蔓越莓果醬的所有材料放入鍋中，攪拌使其均勻混合，靜置4小時或冷藏一個晚上，讓水果充分的糖漬。

❷ 蘋果去皮去核，放入食物調理機打成泥狀後，與其他材料一起放入鍋中，攪拌使其均勻的混合，靜置4小時或冷藏一個晚上，讓水果充分的糖漬。

❸ 製作蔓越莓果醬，以中火加熱果醬鍋至沸騰，之後調整為中小火，過程中需不停的攪拌，撈除浮沫，當煮至有黏稠感即可熄火，將果醬倒進玻璃瓶約1/2的位置，暫時蓋上瓶蓋，不扣緊。

❹ 以中火加熱蘋果果醬鍋至沸騰，之後調整為中小火，過程中需不停的攪拌，撈除浮沫，當煮至有黏稠感，果醬呈現光澤即可熄火，將果醬倒進作法❸的WECK玻璃罐後封蓋。

聖誕節慶水果乾果醬

在歐洲國家的聖誕節慶來臨時，會使用各種水果乾，加上溫暖的辛香料做成果醬。

因為支持從產地到餐桌的理念，也是真心的喜歡台灣這片土地，台灣本產的食材經常是自己在製作果醬的首選。因此，我修改了一份國外的食譜，將其換成台灣的水果乾，果真是在同一片土地上生養出來的果實呢！做出來的果醬味道非但不衝突，嚐起來還不賴！而且，這是一款適合久放，愈陳愈香的果醬。

謹以這款豐盛且繽紛的台灣水果乾果醬，向我敬愛的台灣農人們致敬。

材料

梨子 … 150g	冰糖 … 200g
蘋果 … 150g	檸檬汁 … 20g
綜合果乾 … 100g	檸檬皮屑 … 少許
（關廟鳳梨、玉井芒果、	肉桂粉…1 小撮
金峰洛神、芬園荔枝）	紅酒…30g
柳橙汁 … 200g	松子（烘焙過）…30g

作法

❶ 將果乾切成 0.5 公分大小，浸泡於柳橙汁中，置於冰箱一個晚上。

❷ 蘋果與梨子去皮去核之後，切成 0.5 公分小丁。

❸ 將上述材料、冰糖、檸檬汁、檸檬皮屑以及肉桂粉放入鍋中，攪拌使其均勻的混合，靜置 4 小時或冷藏一個晚上，讓水果充分的糖漬。

❹ 以中火加熱果醬鍋至沸騰，之後調整為中小火，過程中需不停的攪拌，撈除浮沫。

❺ 當煮至有黏稠感，加入松子以及紅酒使其再度沸騰即可熄火，趁熱將果醬裝瓶封蓋。

point
—

可以選擇自己喜歡的果乾來製作此款果醬，但需要注意的是果乾的甜度，若使用的是製作過程有加糖的果乾，配方中的糖則需要減少一些。

最佳賞味期限：未開封，陰涼處6個月。開封後，冷藏2週內。
使用的WECK：WECK 902 ／ 220 ml

月桂橙香地瓜抹醬

地瓜是家裡常備的根莖類蔬菜，在煮飯或是煮粥時，喜歡加些地瓜在裡頭，等到飯煮好時，整個廚房會同時有著米飯香以及地瓜香，對我來說，這是待在廚房裡的一大享受，因為它瀰漫著幸福的味道。

在地瓜抹醬裡加點月桂葉，除了增加清新香氣，也藉助月桂葉有祛退脹氣的功效，讓腸胃比較敏感的人，不容易在食用地瓜後產生脹氣不適的現象。

材料

地瓜 … 500g　　　　月桂葉 … 2片
水 … 400g　　　　　冰糖 … 200g
柳橙汁 … 160g　　　海鹽 … 1小撮

作法

❶ 地瓜削皮後切成薄片，浸水沖洗兩次，將表面的澱粉洗去。

❷ 將地瓜片加水放進鍋中，開中火煮到地瓜變軟後熄火。將鍋子裡的水倒掉，地瓜搗成泥狀。

❸ 地瓜泥與其他材料放入鍋中，以小火煮沸，同時不停的攪拌。

❹ 當煮至有黏稠感即可熄火，取出月桂葉，趁熱將抹醬裝瓶封蓋。

point
—

最佳賞味期限： 未開封，陰涼處3個月。開封後，冷藏1週內。

使用的WECK： WECK 976 ／ 165 ml

香草栗子牛奶抹醬

許多人跟栗子的第一次接觸都是糖炒栗子，但栗子本身就有淡淡的甜，簡單的蒸煮其實也很美味。

將蒸好的栗子加上牛奶做成抹醬，除了可以用來抹麵包之外，也很適合加到黑咖啡中，取代糖跟奶精的使用。一杯充滿栗子香氣的咖啡，很香甜的，是屬於秋天的好滋味！

材料

鮮奶 … 600g
生栗子（已去殼）… 120g
香草莢 … 1/2 支
冰糖 … 120g
海鹽…1小撮

作法

❶ 栗子用電鍋蒸熟後，再用食物調理機打成細碎。

❷ 將香草籽自香草莢中刮下，連同豆莢一起將所有材料放入鍋中，以中小火煮沸，同時不停的攪拌。

❸ 當煮至有黏稠感即可熄火，趁熱將抹醬裝瓶封蓋。

point

去殼的生栗子先經過低溫冷凍，再稍微解凍之後，大約只需要15分鐘的時間就可以將栗子蒸熟喔！

最佳賞味期限： 未開封，冷藏3個月。開封後，冷藏1週內。

使用的WECK： WECK 902 ／ 220 ml

果醬瓶消毒方式

❶ 將瓶子與瓶蓋洗淨,放入鍋中,加入可以蓋過瓶子的水,開火加熱至沸騰後轉成小火,續煮約10分鐘後熄火。

❷ 將瓶子與瓶蓋取出,倒放在乾淨的布巾上,使其完全乾燥。

果醬瓶充分脫氣,可讓果醬獲得良好的保存

❶ 將封蓋的果醬瓶放入裝滿熱水的鍋子中,熱水的溫度不可低於攝氏60度,而且高度需蓋過瓶子至少5公分。

❷ 開火加熱至沸騰後轉成小火,續煮約10分鐘後熄火,取出瓶子,待其自然冷卻即完成脫氣真空狀態。

果醬開罐方式

將金屬釦取下之後,向外拉出紅色橡膠圈的三角舌,便可輕易的將瓶蓋打開。

德國WECK玻璃密封罐

百年德國工藝讓您輕鬆在家……

保存綠意

保存香氣

保存手作美味

還能保存更多…

德國實用主義與日本雜貨風的完美

日本WITH WECK系列
專為Weck設計高質感週邊雜貨

bon matin 70

WECK玻璃罐料理

沙拉、便當、常備菜、
甜點、果醬的美好飲食提案。

作　　者　　許凱倫、愛米雷、歐芙蕾、水瓶、Katy
攝　　影　　王正毅

總 編 輯　　張瑩瑩
副總編輯　　蔡麗真
主　　編　　莊麗娜
美術編輯　　IF OFFICE
封面設計　　IF OFFICE

責任編輯　　莊麗娜
行銷企畫　　林麗紅

社　　長　　郭重興
發行人兼
出版總監　　曾大福
出　　版　　野人文化股份有限公司
發　　行　　遠足文化事業股份有限公司
　　　　　　地址：231新北市新店區民權路108-2號9樓
　　　　　　電話：（02）2218-1417　傳真：（02）86671065
　　　　　　電子信箱：service@bookrep.com.tw
　　　　　　網址：www.bookrep.com.tw
　　　　　　郵撥帳號：19504465遠足文化事業股份有限公司
　　　　　　客服專線：0800-221-029
法律顧問　　華洋法律事務所　蘇文生律師
印　　製　　凱林彩印股份有限公司
初　　版　　2015年5月20日

定　　價　　350元
套書ISBN　　978-986-384-060-2
有著作權　　侵害必究
歡迎團體訂購，另有優惠，請洽業務部（02）22181417分機1120、1123

國家圖書館出版品預行編目(CIP)資料

Weck玻璃罐料理 / 許凱倫等著. -- 初版. -- 新北市：野人
文化出版：遠足文化發行，2015.06
面；18.5×26公分. -- (Bon matin；70)
ISBN 978-986-384-060-2(平裝)
1.食譜

427.1　　　　　　　　　　　　　　　　　　104005965

野人文化 讀者回函卡

感謝您購買《WECK玻璃罐料理》

姓　名 _____ □女 □男　年齡 _____

地　址 _____

_____

電　話 _____　手機 _____

Email _____

學　歷　□國中(含以下) □高中職　　□大專　　□研究所以上
職　業　□生產/製造　□金融/商業　□傳播/廣告　□軍警/公務員
　　　　□教育/文化　□旅遊/運輸　□醫療/保健　□仲介/服務
　　　　□學生　　　□自由/家管　□其他

◆你從何處知道此書？
　□書店　□書訊　□書評　□報紙　□廣播　□電視　□網路　□廣告DM
　□親友介紹　□其他

◆您在哪裡買到本書？
　□誠品書店　□誠品網路書店　□金石堂書店　□金石堂網路書店
　□博客來網路書店　□其他_____

◆你的閱讀習慣：
　□親子教養　□文學　□翻譯小說　□日文小說　□華文小說　□藝術設計
　□人文社科　□自然科學　□商業理財　□宗教哲學　□心理勵志
　□休閒生活(旅遊、瘦身、美容、園藝等)　□手工藝／DIY　□飲食／食譜
　□健康養生　□兩性　□圖文書／漫畫　□其他

◆你對本書的評價：(請填代號，1. 非常滿意　2. 滿意　3. 尚可　4. 待改進)
　書名_____封面設計_____版面編排_____印刷_____內容_____整體評價_____

◆希望我們為您增加什麼樣的內容：

_____

_____

◆你對本書的建議：

_____

_____

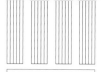

廣　告　回　函
板橋郵政管理局登記證
板 橋 廣 字 第143號
郵資已付　免貼郵票

23141
新北市新店區民權路108-2號9樓
野人文化股份有限公司 收

請沿線撕下對折寄回

書名：WECK玻璃罐料理
書號：bon matin 70

填寫回函抽好禮！

104年07月15日前寄回本摺頁讀者回函卡（以郵戳為憑），
104年07月20日當日抽出20名幸運朋友。

感謝 玩德瘋 獨家贊助！！

● 德國 WECK 玻璃罐組合 **A** 組（市價NT.990／組）
● 德國 WECK 玻璃罐組合 **B** 組（市價NT.990／組）
● 德國 WECK 玻璃罐組合 **C** 組（市價NT.990／組）

　　共計二十組，抽出二十名，隨時出貨！

※請務必填妥：姓名、地址、聯絡電話、e-mail
※得獎名單將於104年07月20日公佈於野人文化部落http://yeren.pixnet.
　net/blog，並於104年07月20～30日以電話或e-mail通知。
　（本活動僅限台澎金馬地區，野人文化保留變更活動內容之權利）

WECK Jars Recipes

WECK Jars Recipes